# 线性代数练习题集

西南交通大学数学学院　编

西南交通大学出版社
·成　都·

**图书在版编目（CIP）数据**

线性代数练习题集/西南交通大学数学学院编
.—成都：西南交通大学出版社，2011.8（2021.9 重印）
ISBN 978-7-5643-1271-8

Ⅰ．①线… Ⅱ．①西… Ⅲ．①线性代数－高等学校－习题集 Ⅳ．①O151.2-44

中国版本图书馆 CIP 数据核字（2018）第 164327 号

**线性代数练习题集**

西南交通大学数学学院　编

| | |
|---|---|
| **责任编辑** | 张宝华 |
| **封面设计** | 何东琳设计工作室 |
| **出版发行** | 西南交通大学出版社<br>（四川省成都市金牛区二环路北一段 111 号<br>西南交通大学创新大厦 21 楼） |
| **发行部电话** | 028-87600564　028-87600533 |
| **邮政编码** | 610031 |
| **网　　址** | http://press.swjtu.edu.cn |
| **印　　刷** | 四川森林印务有限责任公司 |
| **成品尺寸** | 210 mm × 285 mm |
| **印　　张** | 5.75 |
| **字　　数** | 135 千字 |
| **版　　次** | 2011 年 8 月第 1 版 |
| **印　　次** | 2021 年 9 月第 16 次 |
| **书　　号** | ISBN 978-7-5643-1271-8 |
| **定　　价** | 15.00 元 |

# 重印前言

由于教学内容做了部分调整，随之也对《线性代数练习题集》的部分内容进行了修改. 本次修改也是根据“线性代数课程教学基本要求”，按照课程的教学过程以章节顺序编排的. 题型包含填空题、判断题、选择题、计算题、应用题、证明题等. 每章还附有自测题. 每题下方留有学生直接解题的空白，部分题目还给出了参考提示，以便于学生完成作业和教师批改作业. 其参编人员为秦应兵、梁涛、阳锐顺、蒲伟等. 本书的编写得到了西南交通大学数学学院（特别是公共数学教学与研究部）的大力支持与帮助，在此表示感谢.

编　者

2018 年 3 月

# 前　言

本练习题集是根据“线性代数课程教学基本要求”，按照课程的教学过程以章节顺序编排的. 其参编人员均为从事该课程教学多年的教师. 在编排方面，根据该课程各章节教学内容的先后次序以及基本概念、基本方法、重点、难点，精选了各类练习题型，题型包含填空题、判断题、选择题、计算题、应用题、证明题等. 每章还附有自测题，旨在检验学生对基本概念和基本理论的理解和掌握，以帮助其挖掘解题思路，提高综合分析能力，巩固学习效果.

本练习题集是按照每周为一个教学单元，每个教学单元交一次作业的形式编排的. 每题下方留有学生解题的空白，部分题目给出了参考提示，以便学生完成作业和教师批改作业.

本书可作为多学时线性代数课程的学生作业用书.

本练习题集是在《线性代数习题册》的基础上改编完成的. 参加本书编写的主要人员有蒲伟、夏世芬、叶建军、秦应兵等. 本书的编写得到了西南交通大学数学学院（特别是公共数学教学与研究部）的大力支持与帮助，在此一并致谢.

限于编者水平，书中不妥之处，敬请同行和读者批评指正.

编　者

2011 年 4 月

# 目　录

**第一章　矩　阵** …… 1

第一节、第二节　矩阵的概念及运算 …… 1
第三节　矩阵的分块 …… 4
第四节　方阵的行列式 …… 5
第五节　逆矩阵 …… 11
第六节　矩阵的初等变换 …… 14
第七节　矩阵的秩 …… 17
矩阵自测题 …… 22

**第二章　线性空间** …… 27

第一节　线性空间与子空间 …… 27
第二节　向量组的秩 …… 28
第三节　基与维数 …… 34
线性空间自测题 …… 35

**第三章　线性映射** …… 38

第一节　线性映射 …… 38
第二节　线性方程组解的结构定理 …… 39
第三节　线性变换 …… 43
第四节　特征值与特征向量 …… 45
线性映射自测题 …… 49

**第四章　欧几里德空间与二次型** …… 53

第一节　欧式空间的定义与基本性质 …… 53
第二节　标准正交基与正交变换 …… 55
第三节　二次型及其标准形 …… 57
第四节　正定二次型 …… 59
欧几里德空间与二次型自测题 …… 62
线性代数综合测试题一 …… 64

线性代数综合测试题二 ……………………………………………………66
线性代数综合测试题三 ……………………………………………………68
线性代数综合测试题四 ……………………………………………………70
线性代数综合测试题五 ……………………………………………………72

**参考答案**……………………………………………………………………74

班级____________ 姓名______________ 学号____________

# 第一章 矩 阵

## 第一节、第二节 矩阵的概念及运算

1. 判断题.（正确的在括号里打"√"，错误的打"×"）

（1）对矩阵 $\boldsymbol{A}$ 与 $\boldsymbol{B}$，若满足 $\boldsymbol{AB}=\boldsymbol{BA}$，则 $\boldsymbol{AB}$ 与 $\boldsymbol{BA}$ 必为同阶方阵. （ ）

（2）设 $\boldsymbol{A}$ 与 $\boldsymbol{B}$ 均为 $n$ 阶方阵，则 $(\boldsymbol{AB})^k=\boldsymbol{A}^k\boldsymbol{B}^k\ (\boldsymbol{k}\in\mathbf{N})$. （ ）

（3）设 $\boldsymbol{A}$ 与 $\boldsymbol{B}$ 均为 $n$ 阶方阵，则 $(\boldsymbol{A}\pm\boldsymbol{B})^2=\boldsymbol{A}^2\pm2\boldsymbol{AB}+\boldsymbol{B}^2$. （ ）

（4）设 $\boldsymbol{A}$ 为 $n$ 阶方阵，则 $(\boldsymbol{A}\pm\boldsymbol{E})^2=\boldsymbol{A}^2\pm2\boldsymbol{A}+\boldsymbol{E}$. （ ）

（5）设 $\boldsymbol{A}$ 与 $\boldsymbol{B}$ 均为 $n$ 阶方阵，则 $(\boldsymbol{A}+\boldsymbol{B})(\boldsymbol{A}-\boldsymbol{B})=\boldsymbol{A}^2-\boldsymbol{B}^2$. （ ）

（6）设 $\boldsymbol{A}$ 为 $n$ 阶方阵，则 $(\boldsymbol{A}+\boldsymbol{E})(\boldsymbol{A}-\boldsymbol{E})=\boldsymbol{A}^2-\boldsymbol{E}$. （ ）

（7）若 $n$ 阶方阵 $\boldsymbol{A}$ 满足 $\boldsymbol{A}^2=\boldsymbol{O}$，则 $\boldsymbol{A}=\boldsymbol{O}$. （ ）

（8）若 $n$ 阶方阵 $\boldsymbol{A}$ 满足 $\boldsymbol{A}^2=\boldsymbol{A}$，则 $\boldsymbol{A}=\boldsymbol{O}$ 或者 $\boldsymbol{A}=\boldsymbol{E}$. （ ）

（9）若矩阵 $\boldsymbol{A},\boldsymbol{B},\boldsymbol{C}$ 满足 $\boldsymbol{AB}=\boldsymbol{AC}$ 且 $\boldsymbol{A}\neq\boldsymbol{O}$，则有 $\boldsymbol{B}=\boldsymbol{C}$. （ ）

（10）每一个方阵都可以写成对称矩阵与反对称矩阵的和. （ ）

2. 选择题.

（1）设 $\boldsymbol{A},\boldsymbol{B},\boldsymbol{C}$ 均为 $n$ 阶方阵，$\boldsymbol{AB}=\boldsymbol{BA},\ \boldsymbol{AC}=\boldsymbol{CA}$，则 $\boldsymbol{ABC}=$（ ）.

（A）$\boldsymbol{ACB}$ （B）$\boldsymbol{CBA}$

（C）$\boldsymbol{BCA}$ （D）$\boldsymbol{CAB}$

（2）设 $\boldsymbol{A}$ 为方阵，$f(x)=x^2-x-2$，则 $f(\boldsymbol{A})$ 为（ ）.

（A）$\boldsymbol{A}^2-\boldsymbol{A}-2$ （B）$\boldsymbol{A}^2-\boldsymbol{A}-2\boldsymbol{E}$

（C）$(\boldsymbol{A}+2\boldsymbol{E})(\boldsymbol{A}-\boldsymbol{E})$ （D）不能确定

3. 设 $\boldsymbol{A}=\begin{pmatrix}1&2\\-1&0\\2&3\end{pmatrix}$，$\boldsymbol{B}=\begin{pmatrix}-2&0\\1&-1\\-1&1\end{pmatrix}$，计算：（1）$\frac{1}{2}\boldsymbol{A}-3\boldsymbol{B}$；（2）$\boldsymbol{AB}^{\mathrm{T}}$；（3）$\boldsymbol{A}^{\mathrm{T}}\boldsymbol{B}$.

班级＿＿＿＿＿＿　　　姓名＿＿＿＿＿＿＿　　　学号＿＿＿＿＿＿

4. 计算：（1）$\begin{pmatrix}1 & 2 & 3\end{pmatrix}\begin{pmatrix}-2\\-1\\1\end{pmatrix}$；（2）$\begin{pmatrix}-2\\-1\\1\end{pmatrix}\begin{pmatrix}1 & 2 & 3\end{pmatrix}$；（3）$\begin{pmatrix}-2 & -4 & -6\\-1 & -2 & -3\\1 & 2 & 3\end{pmatrix}^{2018}$ .

5. 设 $\boldsymbol{D}=\begin{pmatrix}\lambda_1 & & & \\ & \lambda_2 & & \\ & & \ddots & \\ & & & \lambda_n\end{pmatrix}$，$\boldsymbol{A}=\begin{pmatrix}a_{11} & a_{12} & \cdots & a_{1n}\\a_{21} & a_{22} & \cdots & a_{2n}\\\vdots & \vdots & & \vdots\\a_{n1} & a_{n2} & \cdots & a_{nn}\end{pmatrix}$

（1）计算 $\boldsymbol{DA},\boldsymbol{AD}$；

（2）若 $\lambda_i \neq \lambda_j\left(i \neq j\right)$，证明 $\boldsymbol{DA}=\boldsymbol{AD}$ 的充分必要条件是 $\boldsymbol{A}$ 为对角矩阵.

6. 设 $\boldsymbol{A}$ 为实对称矩阵，若 $\boldsymbol{A}^2=\boldsymbol{O}$，证明 $\boldsymbol{A}=\boldsymbol{O}$，其中 $\boldsymbol{O}$ 表示零矩阵.

班级____________ 姓名______________ 学号____________

7. 设 $\boldsymbol{A},\boldsymbol{B}$ 都是 $n$ 阶方阵，且 $\boldsymbol{A}+\boldsymbol{B}=\boldsymbol{E}$，证明 $\boldsymbol{AB}=\boldsymbol{BA}$.

8. 设 $\boldsymbol{A},\boldsymbol{B}$ 都是对称矩阵，证明：$\boldsymbol{AB}$ 为对称矩阵的充要条件是 $\boldsymbol{AB}=\boldsymbol{BA}$.

9. 设 $n$ 阶方阵 $\boldsymbol{A}=(a_{ij})$，$\boldsymbol{B}=(b_{ij})$，且 $\boldsymbol{A}$ 与 $\boldsymbol{B}$ 的各行元素之和均为 1，$\boldsymbol{\alpha}$ 是 $n\times1$ 矩阵，且每个元素都为 1，求证：

（1）$\boldsymbol{A\alpha}=\boldsymbol{\alpha}$；

（2）$\boldsymbol{AB}$ 的各行元素之和都等于 1；

（3）若 $\boldsymbol{A},\boldsymbol{B}$ 的各行元素之和分别为 $k,t$，则 $\boldsymbol{AB}$ 的各行元素之和都等于什么？

班级____________　　　　姓名______________　　　　学号____________

## 第三节　矩阵的分块

1. 设 $\boldsymbol{A}=\begin{pmatrix}-1&2&0&0&0\\4&1&0&1&0\\0&5&0&0&1\\3&0&0&0&0\\0&3&0&0&0\end{pmatrix}$，$\boldsymbol{B}=\begin{pmatrix}0&0&0&2\\0&0&0&3\\2&1&-3&0\\1&-2&1&0\\0&1&4&0\end{pmatrix}$，利用分块矩阵计算 $\boldsymbol{AB}$.

2. 设 $\boldsymbol{A}=\begin{pmatrix}3&4&1&0\\4&-3&0&1\\0&0&2&0\\0&0&2&2\end{pmatrix}$，计算 $\boldsymbol{A}^4$.

3. 设 $\boldsymbol{A}$ 为 $n$ 阶方阵，若对任意的 $n$ 维列向量 $\boldsymbol{\alpha}$ 均有 $\boldsymbol{A\alpha}=\boldsymbol{0}$，证明 $\boldsymbol{A}=\boldsymbol{O}$.

班级____________ 姓名______________ 学号____________

## 第四节 方阵的行列式

1．填空题.

（1）排列 6427531 的逆序数为_______，该排列为______排列.

（2）$i=$____，$j=$ ___时，排列 $1274\,i\,56\,j\,9$ 为偶排列.

（3）在 6 阶行列式中，含 $a_{15}a_{23}a_{32}a_{44}a_{51}a_{66}$ 的项的符号为______，含 $a_{32}a_{43}a_{14}a_{51}a_{66}a_{25}$ 的项的符号为____________.

（4）多项式 $f(x)=\begin{vmatrix} 3x & 2x & 3 & 1 \\ 1 & x & 1 & -2 \\ 3 & 2 & 3x & 1 \\ 1 & 0 & 1 & x \end{vmatrix}$ 中 $x^4$ 的系数为____，$x^3$ 的系数为_________.

（5）$\begin{vmatrix} 0 & 0 & \cdots & 0 & a_{1n} \\ 0 & 0 & \cdots & a_{2,n-1} & a_{2n} \\ \vdots & \vdots & & \vdots & \vdots \\ 0 & a_{n-1,2} & \cdots & a_{n-1,n-1} & a_{n-1,n} \\ a_{n1} & a_{n2} & \cdots & a_{n,n-1} & a_{nn} \end{vmatrix}=$___________________________.

（6）$\begin{vmatrix} 2 & 0 & 1 \\ 1 & -4 & -1 \\ -1 & 8 & 3 \end{vmatrix}=$__________，$\begin{vmatrix} 1 & 1 & 1 \\ a & b & c \\ a^2 & b^2 & c^2 \end{vmatrix}=$____________________.

（7）方阵 $\boldsymbol{A}$ 按列分块为 $\boldsymbol{A}=(\boldsymbol{A}_1,\boldsymbol{A}_2,\boldsymbol{A}_3,\boldsymbol{A}_4)$, 且 $\det\boldsymbol{A}=2$, 则 $\det(\boldsymbol{A}_1+\boldsymbol{A}_2,2\boldsymbol{A}_1,\boldsymbol{A}_4,\boldsymbol{A}_3)=$_________.

（8）方阵 $\boldsymbol{A}$ 是奇数阶反对称矩阵，则 $\det\boldsymbol{A}=$_________.

（9）已知四阶行列式 $D$ 的第三行元素分别为: $-1,0,2,4$；第四行元素对应的余子式依次是 $2,10,a,4$，则 $a=$_____________.

2．证明：$D=\begin{vmatrix} ax+by & ay+bz & az+bx \\ ay+bz & az+bx & ax+by \\ az+bx & ax+by & ay+bz \end{vmatrix}=(a^3+b^3)\begin{vmatrix} x & y & z \\ y & z & x \\ z & x & y \end{vmatrix}$.

班级__________ 姓名__________ 学号__________

3. 已知 $D_5=\begin{vmatrix}1&2&3&4&5\\2&2&2&1&1\\3&1&2&4&5\\1&1&1&2&2\\4&3&1&5&0\end{vmatrix}=27$，计算（1）$3A_{12}+2A_{22}+2A_{32}+A_{42}+A_{52}$；（2）$A_{41}+A_{42}+A_{43}$ 和 $A_{44}+A_{45}$；（3）$A_{31}+A_{32}+A_{33}$ 和 $A_{34}+A_{35}$.

4. 若 $\boldsymbol{A}$ 为 $n$ 阶方阵，且满足 $\boldsymbol{A}\boldsymbol{A}^{\mathrm{T}}=\boldsymbol{E}$. 若 $|\boldsymbol{A}|<0$，求 $|\boldsymbol{E}+\boldsymbol{A}|$.

5. 已知 $n$ 阶方阵 $\boldsymbol{A},\boldsymbol{B},\boldsymbol{D}$ 的行列式的值分别为 2,3,4，计算 $\det\begin{pmatrix}\boldsymbol{O}&\boldsymbol{A}\\\boldsymbol{B}&\boldsymbol{D}\end{pmatrix}$.

班级____________ 姓名______________ 学号____________

6. 计算下列行列式：（1）$\begin{vmatrix}1 & 2 & 3 & 4\\ 2 & 3 & 4 & 1\\ 3 & 4 & 1 & 2\\ 4 & 1 & 2 & 3\end{vmatrix}$；（2）$\begin{vmatrix}1 & -1 & 1 & 1\\ 1 & -1 & -1 & -1\\ 1 & 1 & -1 & -1\\ 1 & 1 & 1 & -1\end{vmatrix}$.

7. 利用三角形行列式的结果计算下列 $n$ 阶行列式.

（1）$\begin{vmatrix}x & y & 0 & \cdots & 0 & 0\\ 0 & x & y & \cdots & 0 & 0\\ \vdots & \vdots & \vdots & & \vdots & \vdots\\ 0 & 0 & 0 & \cdots & x & y\\ y & 0 & 0 & \cdots & 0 & x\end{vmatrix}$.

（2）设 $\prod_{i=1}^{n} a_i \neq 0$，$D_n = \begin{vmatrix}1+a_1 & 1 & \cdots & 1\\ 2 & 2+a_2 & \cdots & 2\\ \vdots & \vdots & & \vdots\\ n & n & \cdots & n+a_n\end{vmatrix}$.

班级____________ 姓名____________ 学号____________

8. 设 $D_n=\begin{vmatrix} x & a & a & \cdots & a \\ a & x & a & \cdots & a \\ a & a & x & \cdots & a \\ \vdots & \vdots & \vdots & & \vdots \\ a & a & a & \cdots & x \end{vmatrix}$，$(n-1)a+x\neq 0$, 求 $A_{n1}+A_{n2}+\cdots+A_{nn}$.

9. 用数学归纳法证明：

$$D_n=\begin{vmatrix} \cos\theta & 1 & 0 & \cdots & 0 & 0 \\ 1 & 2\cos\theta & 1 & \cdots & 0 & 0 \\ 0 & 1 & 2\cos\theta & \cdots & 0 & 0 \\ \vdots & \vdots & \vdots & \ddots & \vdots & \vdots \\ 0 & 0 & 0 & \cdots & 2\cos\theta & 1 \\ 0 & 0 & 0 & \cdots & 1 & 2\cos\theta \end{vmatrix}=\cos n\theta.$$

班级____________　　　　姓名______________　　　　学号____________

10. 利用范德蒙行列式的结果计算下列行列式.

（1）$D_{n+1}=\begin{vmatrix} a^n & (a-1)^n & \cdots & (a-n)^n \\ a^{n-1} & (a-1)^{n-1} & \cdots & (a-n)^{n-1} \\ \vdots & \vdots & & \vdots \\ a & a-1 & \cdots & a-n \\ 1 & 1 & \cdots & 1 \end{vmatrix}$，$(a\neq 0,1,2,\cdots,n)$.

（2）$D_{n+1}=\begin{vmatrix} a_1^n & a_1^{n-1}b_1 & a_1^{n-2}b_1^2 & \cdots & a_1b_1^{n-1} & b_1^n \\ a_2^n & a_2^{n-1}b_2 & a_2^{n-2}b_2^2 & \cdots & a_2b_2^{n-1} & b_2^n \\ \vdots & \vdots & \vdots & & \vdots & \vdots \\ a_{n+1}^n & a_{n+1}^{n-1}b_{n+1} & a_{n+1}^{n-2}b_{n+1}^2 & \cdots & a_{n+1}b_{n+1}^{n-1} & b_{n+1}^n \end{vmatrix}$，$(a_i\neq 0, i=1,2,\cdots,n)$.

班级__________ 姓名__________ 学号__________

11. 用递归法计算下列行列式.

（1）已知 $a \neq b$，计算 $D_n = \begin{vmatrix} a+b & ab & 0 & \cdots & 0 & 0 & 0 \\ 1 & a+b & ab & \cdots & 0 & 0 & 0 \\ 0 & 1 & a+b & \cdots & 0 & 0 & 0 \\ \vdots & \vdots & \vdots & & \vdots & \vdots & \vdots \\ 0 & 0 & 0 & \cdots & 1 & a+b & ab \\ 0 & 0 & 0 & \cdots & 0 & 1 & a+b \end{vmatrix}$.

（2）$D_n = \begin{vmatrix} 2 & 1 & 0 & 0 & \cdots & 0 & 0 & 0 \\ 1 & 2 & 1 & 0 & \cdots & 0 & 0 & 0 \\ \vdots & \vdots & \vdots & \vdots & & \vdots & \vdots & \vdots \\ 0 & 0 & 0 & 0 & \cdots & 1 & 2 & 1 \\ 0 & 0 & 0 & 0 & \cdots & 0 & 1 & 2 \end{vmatrix}$.

班级＿＿＿＿＿＿　　　　姓名＿＿＿＿＿＿　　　　学号＿＿＿＿＿＿

## 第五节　逆矩阵

1. 填空题.

（1）方阵 $\boldsymbol{A},\boldsymbol{B},\boldsymbol{C}$ 满足 $\boldsymbol{AB}=\boldsymbol{BC}=\boldsymbol{CA}=\boldsymbol{E}$，则 $\boldsymbol{A}^2+\boldsymbol{B}^2+\boldsymbol{C}^2=$＿＿＿＿＿＿.

（2）设 $\boldsymbol{A}=\begin{pmatrix}2&1&3\\0&1&2\\1&0&1\end{pmatrix}$，则 $|\boldsymbol{A}|=$＿＿＿＿＿＿，$\boldsymbol{A}^*=$＿＿＿＿＿＿，　$\boldsymbol{A}^{-1}=$＿＿＿＿＿＿.

（3）设 $\boldsymbol{A},\boldsymbol{B}$ 均为三阶方阵，且 $|\boldsymbol{A}|=-2$，$|\boldsymbol{B}|=2$，则 $|\boldsymbol{A}^*|=$＿＿＿＿＿＿，$|(4\boldsymbol{A})^{-1}|=$＿＿＿＿＿＿，$|2\boldsymbol{A}^*+8\boldsymbol{A}^{-1}|=$＿＿＿＿＿＿，$|-2(\boldsymbol{A}^*\boldsymbol{B})^2|=$＿＿＿＿＿＿，$\boldsymbol{A}^*(\boldsymbol{A}^*)^*=$＿＿＿＿＿＿.

2. 给出对角矩阵 $\operatorname{diag}(a_1,\cdots,a_n)$ 可逆的充分必要条件，在可逆的情况下给出其逆矩阵.

3. 若 $\boldsymbol{A}$ 为奇数阶方阵，且满足 $\boldsymbol{AA}^{\mathrm{T}}=\boldsymbol{E}$，$|\boldsymbol{A}|=1$，证明 $\boldsymbol{E}-\boldsymbol{A}$ 不可逆.

4. 设 $\boldsymbol{A}$ 是 $n$ 阶方阵，如有非零矩阵 $\boldsymbol{B}$ 使 $\boldsymbol{AB}=\boldsymbol{O}$，证明 $|\boldsymbol{A}|=0$.

5. 设 $n$ 阶非零方阵 $\boldsymbol{A}$ 的伴随矩阵为 $\boldsymbol{A}^*$，且 $\boldsymbol{A}^*=\boldsymbol{A}^{\mathrm{T}}$，求证 $\boldsymbol{A}$ 可逆.

6. 设 $\boldsymbol{A}$ 是 $n$ 阶方阵，证明：（1）若 $|\boldsymbol{A}|=0$，则 $|\boldsymbol{A}^*|=0$；（2）$|\boldsymbol{A}^*|=|\boldsymbol{A}|^{n-1}$；（3）当 $\boldsymbol{A}$ 可逆时，有 $(\boldsymbol{A}^*)^*=|\boldsymbol{A}|^{n-2}\boldsymbol{A}$.

班级____________ 姓名______________ 学号____________

7. 设 $\boldsymbol{A}^k=\boldsymbol{O}$，证明：$(\boldsymbol{E}-\boldsymbol{A})^{-1}=\boldsymbol{E}+\boldsymbol{A}+\boldsymbol{A}^2+\cdots+\boldsymbol{A}^{k-1}$.

8. 设方阵 $\boldsymbol{A}$ 满足 $\boldsymbol{A}^2-\boldsymbol{A}-2\boldsymbol{E}=\boldsymbol{O}$，证明：$\boldsymbol{A}$ 及 $\boldsymbol{A}+2\boldsymbol{E}$ 都可逆，并求其逆矩阵.

9. 已知 $\boldsymbol{A}^*\boldsymbol{B}\boldsymbol{A}=2\boldsymbol{B}\boldsymbol{A}-12\boldsymbol{E}$, $\boldsymbol{A}=\begin{pmatrix}1&0&0\\0&-2&0\\0&0&1\end{pmatrix}$，求 $\boldsymbol{B}$.

10. 设 $\boldsymbol{A},\boldsymbol{B},\boldsymbol{A}+\boldsymbol{B},\boldsymbol{A}^{-1}+\boldsymbol{B}^{-1}$ 均为 $n$ 阶可逆方阵，求 $(\boldsymbol{A}^{-1}+\boldsymbol{B}^{-1})^{-1}$.

班级____________ 姓名______________ 学号____________

11. 设 $\boldsymbol{A},\boldsymbol{B}$ 分别是 $m,n$ 阶方阵，

（1）给出分块矩阵 $\begin{pmatrix} \boldsymbol{O} & \boldsymbol{A} \\ \boldsymbol{B} & \boldsymbol{O} \end{pmatrix}$ 可逆的充分必要条件，在可逆情况下求出其逆矩阵.

（2）设 $\boldsymbol{A}=\begin{pmatrix} 0 & a_1 & 0 & \cdots & 0 & 0 \\ 0 & 0 & a_2 & \cdots & 0 & 0 \\ \vdots & \vdots & \vdots & & \vdots & \vdots \\ 0 & 0 & 0 & \cdots & 0 & a_{n-1} \\ a_n & 0 & 0 & \cdots & 0 & 0 \end{pmatrix}$, $a_1\cdots a_n \neq 0$，求 $\boldsymbol{A}^{-1}$.

12. 设 $\boldsymbol{A}$ 为 $n$ 阶可逆方阵，$\boldsymbol{A}_1$ 为 $n\times 1$ 矩阵，$b$ 为常数，$\boldsymbol{P}=\begin{pmatrix} \boldsymbol{E} & \boldsymbol{O} \\ -\boldsymbol{A}_1^{\mathrm{T}}\boldsymbol{A}^* & |\boldsymbol{A}| \end{pmatrix}$，$\boldsymbol{Q}=\begin{pmatrix} \boldsymbol{A} & \boldsymbol{A}_1 \\ \boldsymbol{A}_1^{\mathrm{T}} & b \end{pmatrix}$

（1）计算 $\boldsymbol{PQ}$；（2）证明：$\boldsymbol{Q}$ 可逆的充要条件是 $\boldsymbol{A}_1^{\mathrm{T}}\boldsymbol{A}^{-1}\boldsymbol{A}_1 \neq b$.

13. 已知 $\boldsymbol{P}=\begin{pmatrix} -1 & -4 \\ 1 & 1 \end{pmatrix}, \boldsymbol{\Lambda}=\begin{pmatrix} -2 & 0 \\ 0 & 2 \end{pmatrix}$，且 $\boldsymbol{P}^{-1}\boldsymbol{AP}=\boldsymbol{\Lambda}$，计算 $\boldsymbol{A}^{10}$.

班级____________　　　姓名______________　　　学号____________

## 第六节　矩阵的初等变换

1．填空题或选择题.

（1）已知 $\boldsymbol{A}=\begin{pmatrix} a_{11} & a_{12} & a_{13} \\ a_{21} & a_{22} & a_{23} \\ a_{31} & a_{32} & a_{33} \end{pmatrix}$，$\boldsymbol{P}_1=\begin{pmatrix} 0 & 0 & 1 \\ 0 & 1 & 0 \\ 1 & 0 & 0 \end{pmatrix}$，$\boldsymbol{P}_2=\begin{pmatrix} 1 & 0 & 0 \\ 0 & 1 & 0 \\ 0 & 1 & 1 \end{pmatrix}$，则 $\boldsymbol{P}_1\boldsymbol{A}\boldsymbol{P}_2=$______________.

（2）$\boldsymbol{AE}(r_3+2r_1)=$___________.

（A）$\boldsymbol{A}(r_3+2r_1)$　　（B）$\boldsymbol{A}(c_3+2c_1)$　　（C）$\boldsymbol{A}(c_1+2c_3)$

（3）已知 $\begin{pmatrix} 1 & 0 & 1 \\ 1 & 2 & 0 \\ 1 & 2 & 1 \end{pmatrix}^{-1}=\begin{pmatrix} 1 & 1 & -1 \\ -\frac{1}{2} & 0 & \frac{1}{2} \\ 0 & -1 & 1 \end{pmatrix}$，则矩阵 $\begin{pmatrix} 1 & 0 & 1 \\ 3 & 2 & 2 \\ 1 & 2 & 1 \end{pmatrix}^{-1}=$________________.

2．用初等行变换将下列矩阵化为行最简形，再用初等变换化为标准形.

（1）$\begin{pmatrix} 1 & 0 & 2 & -1 \\ 2 & 0 & 3 & 1 \\ 3 & 0 & 4 & 3 \end{pmatrix}$.

（2）$\begin{pmatrix} 0 & 2 & -3 & 1 \\ 0 & 3 & -4 & 3 \\ 0 & 4 & -7 & -1 \end{pmatrix}$.

（3）$\begin{pmatrix} 1 & -1 & 3 & -4 & 3 \\ 3 & -3 & 5 & -4 & 1 \\ 2 & -2 & 3 & -2 & 0 \\ 3 & -3 & 4 & -2 & -1 \end{pmatrix}$.

班级____________　　　　姓名______________　　　　学号____________

（4）$\begin{pmatrix} 2 & 3 & 1 & -3 & -7 \\ 1 & 2 & 0 & -2 & -4 \\ 3 & -2 & 8 & 3 & 0 \\ 2 & -3 & 7 & 4 & 3 \end{pmatrix}$.

**3.** 判定下列矩阵是否可逆，若可逆求出其逆矩阵.

（1）$\boldsymbol{A}=\begin{pmatrix} 1 & 2 & 0 & 0 \\ 2 & 0 & 1 & 2 \\ 1 & 1 & 0 & -1 \\ 1 & 0 & 0 & 0 \end{pmatrix}$.

（2）$\boldsymbol{A}=\begin{pmatrix} 2 & 2 & 2 & \cdots & 2 \\ 0 & 1 & 1 & \cdots & 1 \\ 0 & 0 & 1 & \cdots & 1 \\ \vdots & \vdots & \vdots & & \vdots \\ 0 & 0 & 0 & \cdots & 1 \end{pmatrix}$.

班级__________　　姓名____________　　学号__________

4. 利用初等变换求解下列矩阵方程.

（1）$\begin{pmatrix} 4 & 1 & -2 \\ 2 & 2 & 1 \\ 3 & 1 & -1 \end{pmatrix} \boldsymbol{X} = \begin{pmatrix} 1 & -3 \\ 2 & 2 \\ 3 & -1 \end{pmatrix}$.

（2）$\boldsymbol{X} \begin{pmatrix} 0 & 2 & 1 \\ 2 & -1 & 3 \\ -3 & 3 & -4 \end{pmatrix} = \begin{pmatrix} 1 & 2 & 3 \\ 2 & -3 & 1 \end{pmatrix}$.

班级____________　　　　姓名______________　　　　学号____________

## 第七节　矩阵的秩

1. 判断题.（正确的在括号里打“√”，错误的打“×”）

（1）若 $\boldsymbol{A}$ 为 $m\times n$ 矩阵，$R(\boldsymbol{A})=r$，则 $r\leqslant\min\{m,n\}$.　（　　）

（2）若 $R(\boldsymbol{A})=r$，则 $\boldsymbol{A}$ 的所有 $r$ 阶子式都不为 0，而所有的 $r+1$ 阶子式都为 0.　（　　）

（3）若矩阵 $\boldsymbol{A}$ 存在一个 $r$ 阶子式不为 0，则 $R(\boldsymbol{A})\geqslant r$.　（　　）

（4）任何一个可逆矩阵都可分解为初等方阵的乘积，且分解唯一.　（　　）

（5）设 $\boldsymbol{A}$ 为 $m\times n$ 矩阵，$\boldsymbol{B}$ 为 $m\times n$ 矩阵，且 $m>n$，则 $|\boldsymbol{AB}|=0$.　（　　）

2. 已知 $a_1,\cdots,a_n$ 两两不同，且 $m\leqslant n$，且 $\boldsymbol{A}=\begin{pmatrix}1 & 1 & \cdots & 1\\ a_1 & a_2 & \cdots & a_n\\ a_1^2 & a_2^2 & \cdots & a_n^2\\ \vdots & \vdots & & \vdots\\ a_1^{m-1} & a_2^{m-1} & \cdots & a_n^{m-1}\end{pmatrix}$，求 $R(\boldsymbol{A})$.

3. 求矩阵 $\boldsymbol{A}=\begin{pmatrix}a & a+1 & a+2\\ a+2 & a & a+1\\ a+1 & a+2 & a\end{pmatrix}$ 的秩.

班级____________　　　　　　姓名______________　　　　　学号____________

4. 求下列矩阵的秩.

（1）$\boldsymbol{A}=\begin{pmatrix} 0 & 1 & 1 & -1 & 2 \\ 0 & 2 & -2 & -2 & 0 \\ 0 & -1 & -1 & 1 & 1 \\ 1 & 1 & 0 & 1 & -1 \end{pmatrix}$.

（2）$\boldsymbol{A}=\begin{pmatrix} a_1b_1 & a_1b_2 & \cdots & a_1b_n \\ a_2b_1 & a_2b_2 & \cdots & a_2b_n \\ \vdots & \vdots & & \vdots \\ a_mb_1 & a_mb_2 & \cdots & a_mb_n \end{pmatrix}$，其中 $a_i(i=1,\cdots,m)$ 不全为零，$b_j(j=1,\cdots,n)$ 不全为零.

5. 设矩阵 $\boldsymbol{A}=\begin{pmatrix} 3 & 1 & 1 & 4 \\ \lambda & 4 & 10 & 1 \\ 1 & 7 & 17 & 3 \\ 2 & 2 & 4 & 3 \end{pmatrix}$，问：（1）$\lambda$ 为何值时，$R(\boldsymbol{A})$ 最大？（2）$\lambda$ 为何值时，$R(\boldsymbol{A})$ 最小？

班级____________　　　　姓名______________　　　　学号____________

6. 讨论 $n$ 阶方阵 $\boldsymbol{A}=\begin{pmatrix} a & 1 & 1 & \cdots & 1 \\ 1 & a & 1 & \cdots & 1 \\ \vdots & \vdots & \vdots & & \vdots \\ 1 & 1 & 1 & \cdots & a \end{pmatrix}$ 的秩.

7. 已知 $\boldsymbol{A},\boldsymbol{B}$ 分别为 $3\times 2, 2\times 3$ 矩阵，证明 $\boldsymbol{AB}$ 不可逆.

8. 设 $\boldsymbol{A},\boldsymbol{B}$ 都是 $n$ 阶方阵，且 $\boldsymbol{A}^2-2\boldsymbol{AB}=\boldsymbol{E}$，求 $R(\boldsymbol{AB}-\boldsymbol{BA}+\boldsymbol{A})$.

9. 已知 $\boldsymbol{A}$ 为 $n$ 阶方阵，$\boldsymbol{P},\boldsymbol{Q}$ 分别为 $m$ 阶、$n$ 阶方阵，且 $R(\boldsymbol{P})=m$, $R(\boldsymbol{Q})=n$. 证明：$R(\boldsymbol{PA})=R(\boldsymbol{A})$, $R(\boldsymbol{AQ})=R(\boldsymbol{A})$.

10. 矩阵 $\boldsymbol{A}$ 的秩 $R(\boldsymbol{A})=1$ 的充分必要条件是存在非零列向量 $\boldsymbol{\alpha}$ 与 $\boldsymbol{\beta}$ 使得 $\boldsymbol{A}=\boldsymbol{\alpha}\boldsymbol{\beta}^{\mathrm{T}}$.

班级____________　　姓名______________　　学号____________

11. 判定非齐次方程组是否有解，有解时，求出其所有解.

（1）$\begin{cases} 4x_1+2x_2-x_3=2 \\ 3x_1-x_2+2x_3=10 \\ 11x_1+3x_2=8 \end{cases}$.

（2）$\begin{cases} 2x_1+x_2+2x_3+x_4=1 \\ x_1+2x_2+x_3-x_4=2 \\ x_1+x_2+2x_3+x_4=3 \end{cases}$.

（3）$\begin{cases} 2x_1+x_2-x_3+x_4=1 \\ 4x_1+2x_2-2x_3+x_4=2 \\ 2x_1+x_2-x_3-x_4=1 \end{cases}$.

班级____________ 姓名______________ 学号____________

12. 解方程组 $\begin{cases} x_1 + a_1 x_2 + a_1^2 x_3 + \cdots + a_1^{n-1} x_n = 1 \\ x_1 + a_2 x_2 + a_2^2 x_3 + \cdots + a_2^{n-1} x_n = 1 \\ \cdots\cdots \\ x_1 + a_n x_2 + a_n^2 x_3 + \cdots + a_n^{n-1} x_n = 1 \end{cases}$，其中 $a_1, a_2, \cdots, a_n$ 两两不同.

13. 当 $k$ 取何值时，方程组 $\begin{cases} kx_1 + x_2 + x_3 = 0 \\ x_1 + kx_2 - x_3 = 0 \\ 2x_1 - x_2 + x_3 = 0 \end{cases}$ 有非零解？并求出其所有非零解.

14. 设 $\boldsymbol{A} = \begin{pmatrix} 1 & 2 & 3 \\ 0 & 4 & a \\ 1 & a & 9 \end{pmatrix}$，已知齐次线性方程组 $\boldsymbol{A}^*\boldsymbol{x} = \boldsymbol{0}$ 有非零解，其中 $\boldsymbol{A}^*$ 是 $\boldsymbol{A}$ 的伴随矩阵，求 $a$.

班级____________ 姓名______________ 学号____________

## 矩阵自测题

一、单项选择题.

1. 方程 $\begin{vmatrix} 1 & 1 & 1 & 1 \\ 0 & -2 & 3 & x \\ 0 & 4 & 9 & x^2 \\ 0 & -8 & 27 & x^3 \end{vmatrix}=0$ 的根为（　　）.

（A）$1,-2,3$　　（B）$0,-2,3$

（C）$0,2,-3$　　（D）$-1,2,-3$.

2. 若 $\boldsymbol{A}$ 为 $n$ 阶可逆矩阵，则下列结论不正确的是（　　）.

（A）$(\boldsymbol{A}^{-1})^k=(\boldsymbol{A}^k)^{-1}$　　（B）$(\boldsymbol{A}^{\mathrm{T}})^k=(\boldsymbol{A}^k)^{\mathrm{T}}$

（C）$(\boldsymbol{A}^*)^k=(\boldsymbol{A}^k)^*$　　（D）$(k\boldsymbol{A})^*=k\boldsymbol{A}^*$

3. $\boldsymbol{A},\boldsymbol{B}$ 均为三阶可逆矩阵，则下列等式成立的是（　　）.

（A）$\left|(\boldsymbol{AB})^{-1}\right|=|\boldsymbol{A}|^{-1}|\boldsymbol{B}|^{-1}$　　（B）$|-\boldsymbol{A}|=|\boldsymbol{A}|$

（C）$\left|\boldsymbol{A}^2-\boldsymbol{B}^2\right|=|\boldsymbol{A}-\boldsymbol{B}||\boldsymbol{A}+\boldsymbol{B}|$　　（D）$|2\boldsymbol{A}|=2|\boldsymbol{A}|$

4. 设 $\boldsymbol{A},\boldsymbol{B}$ 均为 $n$ 阶矩阵，$\boldsymbol{A}^*,\boldsymbol{B}^*$ 均是伴随矩阵，$\boldsymbol{C}=\begin{pmatrix} \boldsymbol{A} & \boldsymbol{O} \\ \boldsymbol{O} & \boldsymbol{B} \end{pmatrix}$，则 $\boldsymbol{C}^*=$（　　）.

（A）$\begin{pmatrix} |\boldsymbol{A}|\boldsymbol{A}^* & \boldsymbol{O} \\ \boldsymbol{O} & |\boldsymbol{B}|\boldsymbol{B}^* \end{pmatrix}$　　（B）$\begin{pmatrix} |\boldsymbol{B}|\boldsymbol{B}^* & \boldsymbol{O} \\ \boldsymbol{O} & |\boldsymbol{A}|\boldsymbol{A}^* \end{pmatrix}$

（C）$\begin{pmatrix} |\boldsymbol{B}|\boldsymbol{A}^* & \boldsymbol{O} \\ \boldsymbol{O} & |\boldsymbol{A}|\boldsymbol{B}^* \end{pmatrix}$　　（D）$\begin{pmatrix} |\boldsymbol{A}|\boldsymbol{B}^* & \boldsymbol{O} \\ \boldsymbol{O} & |\boldsymbol{B}|\boldsymbol{A}^* \end{pmatrix}$

5. 设 $\boldsymbol{A},\boldsymbol{B}$ 均为 $n$ 阶矩阵，则必有（　　）.

（A）$\boldsymbol{A}$ 或 $\boldsymbol{B}$ 可逆，则 $\boldsymbol{AB}$ 可逆

（B）$\boldsymbol{A}$ 或 $\boldsymbol{B}$ 不可逆，则 $\boldsymbol{AB}$ 不可逆

（C）$\boldsymbol{A}$ 与 $\boldsymbol{B}$ 都可逆，则 $\boldsymbol{A}+\boldsymbol{B}$ 可逆

（D）$\boldsymbol{A}$ 与 $\boldsymbol{B}$ 都不可逆，则 $\boldsymbol{A}+\boldsymbol{B}$ 不可逆

6. 已知 $\boldsymbol{P}^{-1}\boldsymbol{AP}=\begin{pmatrix} 1 & 2 & 3 \\ 4 & 5 & 6 \\ 7 & 8 & 9 \end{pmatrix}$，矩阵 $\boldsymbol{P}$ 按列分块为 $\boldsymbol{P}=(\boldsymbol{P}_1,\boldsymbol{P}_2,\boldsymbol{P}_3)$，设 $\boldsymbol{Q}=(\boldsymbol{P}_1+\boldsymbol{P}_2,\boldsymbol{P}_2,\boldsymbol{P}_3)$，则 $\boldsymbol{Q}^{-1}\boldsymbol{AQ}=$（　　）.

（A）$\begin{pmatrix} 3 & 2 & 3 \\ 6 & 3 & 3 \\ 15 & 8 & 9 \end{pmatrix}$　　（B）$\begin{pmatrix} 5 & 2 & 3 \\ 14 & 5 & 6 \\ 23 & 8 & 9 \end{pmatrix}$

（C）$\begin{pmatrix} 1 & 2 & 3 \\ 4 & 5 & 6 \\ 7 & 8 & 9 \end{pmatrix}$　　（D）$\begin{pmatrix} -6 & -3 & -3 \\ 9 & 5 & 6 \\ 15 & 8 & 9 \end{pmatrix}$

7. 设 $R(\boldsymbol{A}_{3\times5})=3$，那么 $\boldsymbol{A}_{3\times5}$ 必满足（　　）.

（A）三阶子式全为零　　（B）至少有一个四阶子式不为零

（C）二阶子式全为零　　（D）至少有一个二阶子式不为零

8. 设 $\boldsymbol{A},\boldsymbol{B}$ 分别为 $m\times n$ 型与 $n\times m$ 型矩阵，且 $\boldsymbol{AB}=\boldsymbol{E}$，其中 $\boldsymbol{E}$ 为单位矩阵，则（　　）.

（A）$R(\boldsymbol{A})=m,R(\boldsymbol{B})=m$　　（B）$R(\boldsymbol{A})=m,R(\boldsymbol{B})=n$

班级____________　　姓名______________　　学号____________

（C）$R(\boldsymbol{A})=n, R(\boldsymbol{B})=m$　　（D）$R(\boldsymbol{A})=n, R(\boldsymbol{B})=n$

9. 已知 $R(\boldsymbol{A}_{6\times3})=2$ 且 $\boldsymbol{B}=\begin{pmatrix}1&0&4\\0&1&4\\1&0&0\end{pmatrix}$，则 $R(\boldsymbol{AB})=$（　　）.

（A）2　　（B）3　　（C）1　　（D）无法确定

10. 已知齐次线性方程组 $\begin{cases}\lambda x+y+z=0\\ \lambda x+3y-z=0\\ -y+\lambda z=0\end{cases}$ 仅有零解，则（　　）.

（A）$\lambda\neq0$ 且 $\lambda\neq1$　　（B）$\lambda\neq0$ 或 $\lambda\neq1$

（C）$\lambda=0$　　（D）$\lambda=1$

11. 已知方程组 $\begin{cases}x+y+z=a\\ x+y-z=b\\ x-y+z=c\end{cases}$ 有唯一解，且 $x=1$，那么 $\begin{vmatrix}a&b&c\\1&-1&1\\1&1&-1\end{vmatrix}=$（　　）.

（A）0　　（B）1　　（C）$-4$　　（D）4

二、填空题.

1. $\boldsymbol{\alpha}$ 是三维列向量，且 $\boldsymbol{\alpha\alpha}^{\mathrm{T}}=\begin{pmatrix}1&-1&1\\-1&1&-1\\1&-1&1\end{pmatrix}$，则 $\boldsymbol{\alpha}^{\mathrm{T}}\boldsymbol{\alpha}=$ ____________.

2. 设四阶方阵 $\boldsymbol{A},\boldsymbol{B}$ 按列分块为 $\boldsymbol{A}=(\boldsymbol{\alpha},\boldsymbol{\gamma}_2,\boldsymbol{\gamma}_3,\boldsymbol{\gamma}_4)$, $\boldsymbol{B}=(\boldsymbol{\beta},\boldsymbol{\gamma}_2,\boldsymbol{\gamma}_3,\boldsymbol{\gamma}_4)$, 且 $|\boldsymbol{A}|=3$, $|\boldsymbol{B}|=-1$，则 $|\boldsymbol{A}+\boldsymbol{B}|=$ ____________.

3. $\boldsymbol{A},\boldsymbol{B}$ 均为三阶矩阵，且 $|\boldsymbol{A}|=-1$，$|\boldsymbol{B}|=2$，则 $|2(\boldsymbol{A}^{\mathrm{T}}\boldsymbol{B}^{-1})^2|=$ ________.

4. 已知 $\boldsymbol{A}=\begin{pmatrix}2&2&2&\cdots&2\\0&1&1&\cdots&1\\0&0&1&\cdots&1\\\vdots&\vdots&\vdots&\ddots&\vdots\\0&0&0&\cdots&1\end{pmatrix}$，$\boldsymbol{A}$ 的所有代数余子式之和 $\sum\limits_{i,j=1}^{n}A_{ij}=$ ________.

5. 已知 $\boldsymbol{A}^2+\boldsymbol{A}-4\boldsymbol{E}=\boldsymbol{O}$，则 $(\boldsymbol{A}+2\boldsymbol{E})^{-1}=$ ____________.

6. 如果 $\boldsymbol{A}=\begin{pmatrix}1&2\\3&4\end{pmatrix}$，$\boldsymbol{P}=\begin{pmatrix}0&1\\1&0\end{pmatrix}$，那么 $\boldsymbol{P}^{2017}\boldsymbol{AP}^{2018}=$ ______________.

7. 设 $\boldsymbol{A}=\begin{pmatrix}1&2&-2\\4&t&3\\3&-1&1\end{pmatrix}$，若有非零矩阵 $\boldsymbol{B}$ 使得 $\boldsymbol{AB}=\boldsymbol{O}$，则 $t=$ ________.

三、判断题（正确的在括号里打"√"，错误的打"×"）.

1. $n$ 阶行列式 $|a_{ij}|$ 的展开式中含有 $a_{11}$ 的项数为 $n$.　（　　）

2. 若 $n$ 阶行列式 $|a_{ij}|$ 的每行元素之和均为零，则 $|a_{ij}|$ 等于零.　（　　）

3. 若 $V$ 为范德蒙行列式，$A_{ij}$ 是代数余子式，则 $\sum\limits_{i,j=1}^{n}A_{ij}=V$.　（　　）

4. 若 $n$ 阶行列式 $|a_{ij}|$ 满足 $a_{ij}=A_{ij}, i,j=1,\cdots,n$，则 $|a_{ij}|>0$.　（　　）

5. 若 $n$ 阶行列式 $|a_{ij}|$ 的展开式中每一项都不为零，则 $|a_{ij}|\neq0$.　（　　）

6. $\boldsymbol{A}=\boldsymbol{A}^*$ 的充分必要条件是 $\boldsymbol{A}=|\boldsymbol{A}|\boldsymbol{A}^{-1}$.　（　　）

7. $\boldsymbol{A}_{3\times2}\boldsymbol{B}_{2\times3}$ 不可逆.　（　　）

班级__________ 姓名__________ 学号__________

8. 对任意矩阵 $\boldsymbol{A},\boldsymbol{B}$，只要满足 $\boldsymbol{AB}=\boldsymbol{E}$，则 $\boldsymbol{B}=\boldsymbol{A}^{-1}$. （ ）

9. $\boldsymbol{A},\boldsymbol{B}$ 均为 $n$ 阶非零矩阵，若 $\boldsymbol{AB}=\boldsymbol{O}$，则 $|\boldsymbol{A}|=|\boldsymbol{B}|=0$. （ ）

10. $\boldsymbol{A}$ 为可逆矩阵，若 $\boldsymbol{A}$ 的每行元素之和都为 $a$，则 $\boldsymbol{A}^{-1}$ 的每行元素之和都为 $a^{-1}$. （ ）

四、计算行列式 $\begin{vmatrix} a_1+b & a_2 & \cdots & a_n \\ a_1 & a_2+b & \cdots & a_n \\ \vdots & \vdots & & \vdots \\ a_1 & a_2 & \cdots & a_n+b \end{vmatrix}$.

五、（1）已知 $\boldsymbol{A}=\begin{pmatrix} 1 & 1 & 1 & 1 \\ 1 & 1 & -1 & -1 \\ 1 & -1 & 1 & -1 \\ 1 & -1 & -1 & 1 \end{pmatrix}$，计算 $\boldsymbol{A}^n$；

（2）若 $\boldsymbol{B}$ 满足 $\boldsymbol{A}^3+\boldsymbol{A}^2+\boldsymbol{AB}-5\boldsymbol{A}-8\boldsymbol{E}=\boldsymbol{O}$，求 $\boldsymbol{B}$.

六、已知 $\boldsymbol{A}=\begin{pmatrix} 1 & -1 & 1 & -1 \\ -1 & 1 & -1 & 1 \\ 2 & -2 & 2 & -2 \\ 5 & -5 & 5 & -5 \end{pmatrix}$，计算：（1）$R(\boldsymbol{A})$；（2）$\boldsymbol{A}^{2018}$.

班级__________ 姓名__________ 学号__________

七、$\boldsymbol{A},\boldsymbol{B}$ 均为三阶可逆矩阵，$2\boldsymbol{A}^{-1}\boldsymbol{B}=\boldsymbol{B}-4\boldsymbol{E}$，若 $\boldsymbol{B}=\begin{pmatrix}1 & -2 & 0\\ 1 & 2 & 0\\ 0 & 0 & 2\end{pmatrix}$，求 $\boldsymbol{A}$.

八、判定 $\boldsymbol{A}=\begin{pmatrix}0 & 0 & 0 & 1 & 2\\ 0 & 0 & 0 & 1 & 1\\ 1 & -5 & 2 & 0 & 0\\ -2 & 11 & -3 & 0 & 0\\ 1 & -5 & 1 & 0 & 0\end{pmatrix}$是否可逆，若可逆，求出其逆矩阵.

九、讨论参数 $a$ 的取值，求矩阵 $\boldsymbol{A}=\begin{pmatrix}1 & 2 & 3 & a\\ 2 & 4 & 6 & 8\\ 3 & 6 & 9 & 6\end{pmatrix}$的秩.

班级____________　　　　姓名______________　　　　学号____________

十、讨论 $a,b$ 为何值时，方程组 $\begin{cases} x_1+ax_2+x_3=3 \\ x_1+2ax_2+x_3=4 \\ bx_1+x_2+x_3=4 \end{cases}$ 有唯一解？有无穷多解？无解？有解时，求出其解.

十一、$n$ 阶非零矩阵 $\boldsymbol{A}$ 满足 $\boldsymbol{A}^2=\boldsymbol{E}$，证明 $R(\boldsymbol{A}-\boldsymbol{E})+R(\boldsymbol{A}+\boldsymbol{E})=n$.

班级____________ 姓名______________ 学号____________

# 第二章 线性空间

## 第一节 线性空间与子空间

1. 判断下列集合对于所指定的运算是否构成实线性空间.

（1）全体 $n$ 阶实对称矩阵，对于矩阵的加法和数乘； （ ）

（2）全体行列式等于零的 $n$ 阶矩阵的集合，对于矩阵的加法和数乘； （ ）

（3）非齐次线性方程组 $\boldsymbol{A}\boldsymbol{x}=\boldsymbol{b}$ 的解的集合 $W=\{\boldsymbol{\alpha}\mid \boldsymbol{A}\boldsymbol{\alpha}=\boldsymbol{b}\}$，对于向量的加法与数乘； （ ）

（4）$R^{+}=\{a\in\mathbf{R}\mid a>0\}$，定义加法和数乘运算为 $a\oplus b=ab$，$k\circ a=a^{k}$. （ ）

2. 证明：$V=\{(x,y,z)\,|\,x+2y+3z=0\}$ 是 $\mathbf{R}^{3}$ 的子空间.

3. 设

$$V_1=\{(x_1,\ x_2,\cdots,x_n)\,|\,x_i\in\mathbf{R},\ x_1+\ x_2+\cdots+x_n=0\},$$
$$V_2=\{(x_1,\ x_2,\cdots,x_n)\,|\,x_i\in\mathbf{R},\ x_1+\ x_2+\cdots+x_n\neq 0\},$$

问 $V_1,V_2$ 是不是向量空间？为什么？

班级__________ 姓名__________ 学号__________

## 第二节 向量组的秩

1. 判断题.（正确的在括号里打“√”，错误的打“×”）

（1）若向量组 $\boldsymbol{\alpha}_1,\boldsymbol{\alpha}_2,\cdots,\boldsymbol{\alpha}_m$ 线性相关，则任一向量 $\boldsymbol{\alpha}_i(1\leqslant i\leqslant m)$ 可由其余向量线性表出.（ ）

（2）对任意一组不全为零的数 $\lambda_1,\lambda_2,\cdots,\lambda_m$，有 $\lambda_1\boldsymbol{\alpha}_1+\lambda_2\boldsymbol{\alpha}_2+\cdots+\lambda_m\boldsymbol{\alpha}_m=\mathbf{0}$，则向量组 $\boldsymbol{\alpha}_1,\boldsymbol{\alpha}_2,\cdots,\boldsymbol{\alpha}_m$ 线性相关.（ ）

（3）若 $\boldsymbol{\alpha}_1,\boldsymbol{\alpha}_2,\cdots,\boldsymbol{\alpha}_m$ 线性相关，$\boldsymbol{\beta}_1,\boldsymbol{\beta}_2,\cdots,\boldsymbol{\beta}_m$ 亦线性相关，则有不全为零的数 $\lambda_1,\lambda_2,\cdots,\lambda_m$，使 $\lambda_1\boldsymbol{\alpha}_1+\lambda_2\boldsymbol{\alpha}_2+\cdots+\lambda_m\boldsymbol{\alpha}_m=\mathbf{0}$, $\lambda_1\boldsymbol{\beta}_1+\lambda_2\boldsymbol{\beta}_2+\cdots+\lambda_m\boldsymbol{\beta}_m=\mathbf{0}$ 同时成立.（ ）

（4）若有不全为 0 的数 $\lambda_1,\lambda_2,\cdots,\lambda_m$，使 $\lambda_1\boldsymbol{\alpha}_1+\lambda_2\boldsymbol{\alpha}_2+\cdots+\lambda_m\boldsymbol{\alpha}_m+\lambda_1\boldsymbol{\beta}_1+\lambda_2\boldsymbol{\beta}_2+\cdots+\lambda_m\boldsymbol{\beta}_m=\mathbf{0}$ 成立，则 $\boldsymbol{\alpha}_1,\boldsymbol{\alpha}_2,\cdots,\boldsymbol{\alpha}_m$ 线性相关，$\boldsymbol{\beta}_1,\boldsymbol{\beta}_2,\cdots,\boldsymbol{\beta}_m$ 亦线性相关.（ ）

2. 选择题.

（1）$n$ 维向量组 $\boldsymbol{\alpha}_1,\boldsymbol{\alpha}_2,\cdots,\boldsymbol{\alpha}_s(3\leqslant s\leqslant n)$ 线性无关的充分必要条件是（ ）.

（A）存在不全为零的数 $\lambda_1,\lambda_2,\cdots,\lambda_s$，使 $\lambda_1\boldsymbol{\alpha}_1+\lambda_2\boldsymbol{\alpha}_2+\cdots+\lambda_s\boldsymbol{\alpha}_s\neq\mathbf{0}$

（B）$\boldsymbol{\alpha}_1,\boldsymbol{\alpha}_2,\cdots,\boldsymbol{\alpha}_s$ 中任意两个向量线性无关

（C）$\boldsymbol{\alpha}_1,\boldsymbol{\alpha}_2,\cdots,\boldsymbol{\alpha}_s$ 中存在一个向量，它不能用其余向量线性表出

（D）$\boldsymbol{\alpha}_1,\boldsymbol{\alpha}_2,\cdots,\boldsymbol{\alpha}_s$ 中任意一个向量都不能用其余向量线性表出

（2）设 $\boldsymbol{\alpha}_1,\boldsymbol{\alpha}_2,\cdots,\boldsymbol{\alpha}_m$ 均为 $n$ 维向量，那么下列结论正确的是（ ）.

（A）若 $\lambda_1\boldsymbol{\alpha}_1+\lambda_2\boldsymbol{\alpha}_2+\cdots+\lambda_m\boldsymbol{\alpha}_m=\mathbf{0}$，则 $\boldsymbol{\alpha}_1,\boldsymbol{\alpha}_2,\cdots,\boldsymbol{\alpha}_m$ 线性相关

（B）对任意一组不全为零的数 $\lambda_1,\lambda_2,\cdots,\lambda_m$，有 $\lambda_1\boldsymbol{\alpha}_1+\lambda_2\boldsymbol{\alpha}_2+\cdots+\lambda_s\boldsymbol{\alpha}_s\neq\mathbf{0}$，则向量组 $\boldsymbol{\alpha}_1,\boldsymbol{\alpha}_2,\cdots,\boldsymbol{\alpha}_m$ 线性无关

（C）若 $\boldsymbol{\alpha}_1,\boldsymbol{\alpha}_2,\cdots,\boldsymbol{\alpha}_m$ 线性相关，则对任意一组不全为零的数 $\lambda_1,\lambda_2,\cdots,\lambda_m$，有 $\lambda_1\boldsymbol{\alpha}_1+\lambda_2\boldsymbol{\alpha}_2+\cdots+\lambda_m\boldsymbol{\alpha}_m=\mathbf{0}$

（D）因为 $0\boldsymbol{\alpha}_1+0\boldsymbol{\alpha}_2+\cdots+0\boldsymbol{\alpha}_m=\mathbf{0}$，所以 $\boldsymbol{\alpha}_1,\boldsymbol{\alpha}_2,\cdots,\boldsymbol{\alpha}_m$ 线性无关

（3）设有任意两个 $n$ 维向量组 $\boldsymbol{\alpha}_1,\boldsymbol{\alpha}_2,\cdots,\boldsymbol{\alpha}_m$ 和 $\boldsymbol{\beta}_1,\boldsymbol{\beta}_2,\cdots,\boldsymbol{\beta}_m$，若存在两组不全为零的数 $\lambda_1,\lambda_2,\cdots,\lambda_m$ 和 $k_1,k_2,\cdots,k_m$，使

$$(\lambda_1+k_1)\boldsymbol{\alpha}_1+(\lambda_2+k_2)\boldsymbol{\alpha}_2+\cdots+(\lambda_m+k_m)\boldsymbol{\alpha}_m+(\lambda_1-k_1)\boldsymbol{\beta}_1+(\lambda_2-k_2)\boldsymbol{\beta}_2+\cdots+(\lambda_m-k_m)\boldsymbol{\beta}_m=\mathbf{0}$$

则（ ）.

（A）$\boldsymbol{\alpha}_1,\boldsymbol{\alpha}_2,\cdots,\boldsymbol{\alpha}_m$ 和 $\boldsymbol{\beta}_1,\boldsymbol{\beta}_2,\cdots,\boldsymbol{\beta}_m$ 都线性相关

（B）$\boldsymbol{\alpha}_1,\boldsymbol{\alpha}_2,\cdots,\boldsymbol{\alpha}_m$ 和 $\boldsymbol{\beta}_1,\boldsymbol{\beta}_2,\cdots,\boldsymbol{\beta}_m$ 都线性无关

（C）$\boldsymbol{\alpha}_1+\boldsymbol{\beta}_1,\cdots,\boldsymbol{\alpha}_m+\boldsymbol{\beta}_m,\boldsymbol{\alpha}_1-\boldsymbol{\beta}_1,\cdots,\boldsymbol{\alpha}_m-\boldsymbol{\beta}_m$ 线性无关

（D）$\boldsymbol{\alpha}_1+\boldsymbol{\beta}_1,\cdots,\boldsymbol{\alpha}_m+\boldsymbol{\beta}_m,\boldsymbol{\alpha}_1-\boldsymbol{\beta}_1,\cdots,\boldsymbol{\alpha}_m-\boldsymbol{\beta}_m$ 线性相关

（4）向量组 $\boldsymbol{\alpha}_1,\boldsymbol{\alpha}_2,\boldsymbol{\alpha}_3$ 线性无关，则下列向量组线性相关的是（ ）.

（A）$\boldsymbol{\alpha}_1+\boldsymbol{\alpha}_2,\boldsymbol{\alpha}_2+\boldsymbol{\alpha}_3,\boldsymbol{\alpha}_3+\boldsymbol{\alpha}_1$　（B）$\boldsymbol{\alpha}_1,\boldsymbol{\alpha}_1+\boldsymbol{\alpha}_2,\boldsymbol{\alpha}_1+\boldsymbol{\alpha}_2+\boldsymbol{\alpha}_3$

（C）$\boldsymbol{\alpha}_1-\boldsymbol{\alpha}_2,\boldsymbol{\alpha}_2-\boldsymbol{\alpha}_3,\boldsymbol{\alpha}_3-\boldsymbol{\alpha}_1$　（D）$\boldsymbol{\alpha}_1+\boldsymbol{\alpha}_2,2\boldsymbol{\alpha}_2+\boldsymbol{\alpha}_3,\boldsymbol{\alpha}_1+3\boldsymbol{\alpha}_3$

（5）若向量组 $\boldsymbol{\alpha},\boldsymbol{\beta},\boldsymbol{\gamma}$ 线性无关，$\boldsymbol{\alpha},\boldsymbol{\beta},\boldsymbol{\delta}$ 线性相关，则（ ）.

（A）$\boldsymbol{\alpha}$ 必可由 $\boldsymbol{\beta},\boldsymbol{\gamma},\boldsymbol{\delta}$ 线性表示　（B）$\boldsymbol{\beta}$ 必不可由 $\boldsymbol{\alpha},\boldsymbol{\gamma},\boldsymbol{\delta}$ 线性表示

（C）$\boldsymbol{\delta}$ 必可由 $\boldsymbol{\alpha},\boldsymbol{\beta},\boldsymbol{\gamma}$ 线性表示　（D）$\boldsymbol{\delta}$ 必不可由 $\boldsymbol{\alpha},\boldsymbol{\beta},\boldsymbol{\gamma}$ 线性表示

（6）设 $\boldsymbol{A}$ 是 $n$ 阶矩阵，且 $|\boldsymbol{A}|=0$，则矩阵 $\boldsymbol{A}$ 中（ ）.

（A）必有一列元素全为零　（B）必有一列向量是其余列向量的线性组合

（C）必有两列元素对应成比例　（D）任一列向量都是其余列向量的线性组合

（7）设向量 $\boldsymbol{\alpha}=\boldsymbol{\alpha}_1+\boldsymbol{\alpha}_2+\cdots+\boldsymbol{\alpha}_s(s>1)$，而 $\boldsymbol{\beta}_1=\boldsymbol{\alpha}-\boldsymbol{\alpha}_1,\ \boldsymbol{\beta}_2=\boldsymbol{\alpha}-\boldsymbol{\alpha}_2,\ \cdots,\ \boldsymbol{\beta}_s=\boldsymbol{\alpha}-\boldsymbol{\alpha}_s$，则下列结论

中正确的是（　　）.

（A）$R\{\boldsymbol{\alpha}_1,\boldsymbol{\alpha}_2,\cdots,\boldsymbol{\alpha}_s\}=R\{\boldsymbol{\beta}_1,\boldsymbol{\beta}_2,\cdots,\boldsymbol{\beta}_s\}$

（B）$R\{\boldsymbol{\alpha}_1,\boldsymbol{\alpha}_2,\cdots,\boldsymbol{\alpha}_s\}>R\{\boldsymbol{\beta}_1,\boldsymbol{\beta}_2,\cdots,\boldsymbol{\beta}_s\}$

（C）$R\{\boldsymbol{\alpha}_1,\boldsymbol{\alpha}_2,\cdots,\boldsymbol{\alpha}_s\}<R\{\boldsymbol{\beta}_1,\boldsymbol{\beta}_2,\cdots,\boldsymbol{\beta}_s\}$

（D）不能确定

（8）若存在矩阵 $\boldsymbol{P},\boldsymbol{Q}$，使 $\boldsymbol{A}=\boldsymbol{PB},\ \boldsymbol{B}=\boldsymbol{QA}$，则（　　）.

（A）$R(\boldsymbol{A})=R(\boldsymbol{B})$　　（B）$R(\boldsymbol{A})>R(\boldsymbol{B})$

（C）$R(\boldsymbol{A})<R(\boldsymbol{B})$　　（D）不能确定

3. 用定义判断下列向量组的线性相关性.

（1）$\boldsymbol{\alpha}_1=\begin{pmatrix}-1\\2\\1\end{pmatrix},\ \boldsymbol{\alpha}_2=\begin{pmatrix}2\\0\\1\end{pmatrix},\ \boldsymbol{\alpha}_3=\begin{pmatrix}1\\2\\2\end{pmatrix}$；

（2）$\boldsymbol{\alpha}_1=\begin{pmatrix}1\\1\\3\end{pmatrix},\ \boldsymbol{\alpha}_2=\begin{pmatrix}-1\\2\\1\end{pmatrix},\ \boldsymbol{\alpha}_3=\begin{pmatrix}1\\-1\\0\end{pmatrix}$.

4. 设 $\boldsymbol{\beta}=\begin{pmatrix}1\\3\\0\end{pmatrix}$，$\boldsymbol{\alpha}_1=\begin{pmatrix}1\\0\\1\end{pmatrix},\ \boldsymbol{\alpha}_2=\begin{pmatrix}0\\1\\0\end{pmatrix},\ \boldsymbol{\alpha}_3=\begin{pmatrix}2\\2\\1\end{pmatrix}$，把 $\boldsymbol{\beta}$ 表示成 $\boldsymbol{\alpha}_1,\boldsymbol{\alpha}_2,\boldsymbol{\alpha}_3$ 的线性组合，问线性表示是否唯一？

班级____________ 姓名______________ 学号____________

5. 设$\boldsymbol{\alpha}_1=\begin{pmatrix}1\\1\\1\end{pmatrix}$, $\boldsymbol{\alpha}_2=\begin{pmatrix}1\\2\\3\end{pmatrix}$, $\boldsymbol{\alpha}_3=\begin{pmatrix}1\\3\\t\end{pmatrix}$，问：

（1）当$t$为何值时，$\boldsymbol{\alpha}_1,\boldsymbol{\alpha}_2,\boldsymbol{\alpha}_3$线性无关？当$t$为何值时，$\boldsymbol{\alpha}_1,\boldsymbol{\alpha}_2,\boldsymbol{\alpha}_3$线性相关？

（2）当$\boldsymbol{\alpha}_1,\boldsymbol{\alpha}_2,\boldsymbol{\alpha}_3$线性相关时，将$\boldsymbol{\alpha}_3$表示为$\boldsymbol{\alpha}_1,\boldsymbol{\alpha}_2$的线性组合.

6. 已知向量组$\boldsymbol{\alpha}_1,\boldsymbol{\alpha}_2,\boldsymbol{\alpha}_3,\boldsymbol{\alpha}_4$线性无关，$\boldsymbol{\beta}_1=\boldsymbol{\alpha}_1+\boldsymbol{\alpha}_2,\boldsymbol{\beta}_2=\boldsymbol{\alpha}_2+\boldsymbol{\alpha}_3,\boldsymbol{\beta}_3=\boldsymbol{\alpha}_3+\boldsymbol{\alpha}_4,\boldsymbol{\beta}_4=\boldsymbol{\alpha}_4-\boldsymbol{\alpha}_1$. 证明：向量组$\boldsymbol{\beta}_1,\boldsymbol{\beta}_2,\boldsymbol{\beta}_3,\boldsymbol{\beta}_4$线性无关.

7. 若向量组$\boldsymbol{\alpha}_1,\boldsymbol{\alpha}_2,\boldsymbol{\alpha}_3$线性无关，问常数$l,m$需满足什么条件时，向量组$l\boldsymbol{\alpha}_1+\boldsymbol{\alpha}_2$, $\boldsymbol{\alpha}_2+\boldsymbol{\alpha}_3$, $m\boldsymbol{\alpha}_3+\boldsymbol{\alpha}_1$线性无关？

班级____________ 姓名______________ 学号____________

8. 求下列向量组的秩和一个最大无关组，并把其余向量用最大无关组线性表示.

（1）$\boldsymbol{\alpha}_1=\begin{pmatrix}1\\1\\2\\3\end{pmatrix}, \boldsymbol{\alpha}_2=\begin{pmatrix}1\\-1\\1\\1\end{pmatrix}, \boldsymbol{\alpha}_3=\begin{pmatrix}1\\3\\3\\5\end{pmatrix}, \boldsymbol{\alpha}_4=\begin{pmatrix}4\\-2\\5\\6\end{pmatrix}$.

（2）$\boldsymbol{\beta}_1=\begin{pmatrix}-1\\1\\0\\-1\end{pmatrix}, \boldsymbol{\beta}_2=\begin{pmatrix}1\\-1\\-1\\2\end{pmatrix}, \boldsymbol{\beta}_3=\begin{pmatrix}0\\-2\\2\\-2\end{pmatrix}, \boldsymbol{\beta}_4=\begin{pmatrix}1\\0\\-1\\2\end{pmatrix}$.

9. 设向量组$\begin{pmatrix}a\\3\\1\end{pmatrix}, \begin{pmatrix}2\\b\\3\end{pmatrix}, \begin{pmatrix}1\\2\\1\end{pmatrix}, \begin{pmatrix}2\\3\\1\end{pmatrix}$的秩为 2，试求 $a,b$ 的值.

班级__________ 姓名__________ 学号__________

10. 设 $\boldsymbol{\alpha}_1,\boldsymbol{\alpha}_2,\cdots,\boldsymbol{\alpha}_n$ 为 $n$ 个 $n$ 维向量，若标准基向量 $\boldsymbol{e}_1,\boldsymbol{e}_2,\cdots,\boldsymbol{e}_n$ 能由它们线性表出，证明：$\boldsymbol{\alpha}_1,\boldsymbol{\alpha}_2,\cdots,\boldsymbol{\alpha}_n$ 线性无关.

11. 设 $\begin{cases}\boldsymbol{\beta}_1=\boldsymbol{\alpha}_2+\boldsymbol{\alpha}_3+\cdots+\boldsymbol{\alpha}_n,\\ \boldsymbol{\beta}_2=\boldsymbol{\alpha}_1+\boldsymbol{\alpha}_3+\cdots+\boldsymbol{\alpha}_n,\\ \cdots\cdots \\ \boldsymbol{\beta}_n=\boldsymbol{\alpha}_1+\boldsymbol{\alpha}_2+\cdots+\boldsymbol{\alpha}_{n-1},\end{cases}$，证明：$\boldsymbol{\alpha}_1,\boldsymbol{\alpha}_2,\cdots,\boldsymbol{\alpha}_n$ 与 $\boldsymbol{\beta}_1,\boldsymbol{\beta}_2,\cdots,\boldsymbol{\beta}_n$ 等价.

12. 设向量组 $\boldsymbol{\alpha}_i=(t_i,t_i^2,\cdots,t_i^n)(i=1,2,\cdots,m;m\leqslant n)$，试证：向量组 $\boldsymbol{\alpha}_1,\boldsymbol{\alpha}_2,\cdots,\boldsymbol{\alpha}_m$ 线性无关，其中 $t_1,t_2,\cdots,t_m$ 为 $m$ 个互不相等且不为 0 的常数.

班级____________　　　　姓名______________　　　　学号____________

13. 设向量组 $\{\boldsymbol{\alpha}_1,\boldsymbol{\alpha}_2,\cdots,\boldsymbol{\alpha}_s\}$ 的秩为 $r_1$，向量组 $\{\boldsymbol{\beta}_1,\boldsymbol{\beta}_2,\cdots,\boldsymbol{\beta}_t\}$ 的秩为 $r_2$，向量组 $\{\boldsymbol{\alpha}_1,\boldsymbol{\alpha}_2,\cdots,\boldsymbol{\alpha}_s,\boldsymbol{\beta}_1,\boldsymbol{\beta}_2,\cdots,\boldsymbol{\beta}_t\}$ 的秩为 $r_3$，证明：$\max\{r_1,r_2\}\leqslant r_3\leqslant r_1+r_2$.

14. 设 $\boldsymbol{A},\boldsymbol{B}$ 均为 $m\times n$ 矩阵，证明：（1）$R(\boldsymbol{A}+\boldsymbol{B})\leqslant R(\boldsymbol{A})+R(\boldsymbol{B})$；（2）$R(\boldsymbol{A}-\boldsymbol{B})\leqslant R(\boldsymbol{A})+R(\boldsymbol{B})$.

15. 设 $\boldsymbol{A}$ 为 $m\times s$ 矩阵，$\boldsymbol{B}$ 为 $s\times p$ 矩阵，证明：$R(\boldsymbol{AB})\leqslant\min\{R(\boldsymbol{A}),R(\boldsymbol{B})\}$.

班级____________ 姓名______________ 学号____________

## 第三节　基与维数

1. 证明：由 $\boldsymbol{\alpha}_1=\begin{pmatrix}1\\2\\3\end{pmatrix}$, $\boldsymbol{\alpha}_2=\begin{pmatrix}1\\2\\0\end{pmatrix}$, $\boldsymbol{\alpha}_3=\begin{pmatrix}1\\0\\0\end{pmatrix}$ 构成 $\mathbf{R}^3$ 的一个基，并求 $\boldsymbol{\beta}=\begin{pmatrix}5\\9\\-2\end{pmatrix}$ 在这个基下的坐标.

2. 设 $\boldsymbol{\alpha}_1=\begin{pmatrix}1\\1\\0\\0\end{pmatrix}$, $\boldsymbol{\alpha}_2=\begin{pmatrix}1\\0\\1\\1\end{pmatrix}$, $\boldsymbol{\beta}_1=\begin{pmatrix}2\\-1\\3\\3\end{pmatrix}$, $\boldsymbol{\beta}_2=\begin{pmatrix}0\\1\\-1\\-1\end{pmatrix}$ ， $V_1=\mathrm{span}\{\boldsymbol{\alpha}_1,\boldsymbol{\alpha}_2\}$, $V_2=\mathrm{span}\{\boldsymbol{\beta}_1,\boldsymbol{\beta}_2\}$ ，证明：$V_1=V_2$.

3. 已知 $\mathbf{R}^3$ 的两组基：

（A）$\boldsymbol{\alpha}_1=\begin{pmatrix}1\\2\\1\end{pmatrix}$, $\boldsymbol{\alpha}_2=\begin{pmatrix}2\\3\\3\end{pmatrix}$, $\boldsymbol{\alpha}_3=\begin{pmatrix}3\\7\\1\end{pmatrix}$；（B）$\boldsymbol{\beta}_1=\begin{pmatrix}3\\1\\4\end{pmatrix}$, $\boldsymbol{\beta}_2=\begin{pmatrix}5\\2\\1\end{pmatrix}$, $\boldsymbol{\beta}_3=\begin{pmatrix}1\\1\\-6\end{pmatrix}$,

（1）求由基（A）到（B）的过渡矩阵；

（2）向量 $\gamma$ 在基（A）下的坐标为 $\boldsymbol{x}=\begin{pmatrix}1\\2\\3\end{pmatrix}$，求它在基（B）下的坐标.

班级____________ 姓名______________ 学号____________

## 线性空间自测题

一、选择题.

1. 设向量组（1）：$\boldsymbol{\alpha}_1,\boldsymbol{\alpha}_2,\boldsymbol{\alpha}_3$ 与向量组（2）：$\boldsymbol{\beta}_1,\boldsymbol{\beta}_2$ 等价，则（　　）.

（A）向量组（1）线性相关　（B）向量组（2）线性无关

（C）向量组（1）线性无关　（D）向量组（2）线性相关

2. 设 $n$ 维向量组 $\boldsymbol{\alpha}_1,\boldsymbol{\alpha}_2,\cdots,\boldsymbol{\alpha}_m$ 线性无关，则（　　）.

（A）向量组中增加一个向量后仍线性无关

（B）向量组中去掉一个向量后仍线性无关

（C）向量组中每个向量都去掉第一个分量后仍线性无关

（D）向量组中每个向量任意增加一个分量后仍线性无关

3. 设 $A$: $\boldsymbol{\alpha}_1,\boldsymbol{\alpha}_2,\boldsymbol{\alpha}_3,\boldsymbol{\alpha}_4$ 是一组 $n$ 维向量，且 $\boldsymbol{\alpha}_1,\boldsymbol{\alpha}_2,\boldsymbol{\alpha}_3$ 线性相关，则（　　）.

（A）$\boldsymbol{A}$ 的秩等于 4　（B）$\boldsymbol{A}$ 的秩等于 $n$

（C）$\boldsymbol{A}$ 的秩等于 1　（D）$\boldsymbol{A}$ 的秩小于等于 3

4. 设 $\boldsymbol{\beta}$ 不能由非零向量 $\boldsymbol{\alpha}_1,\boldsymbol{\alpha}_2,\cdots,\boldsymbol{\alpha}_s$ 线性表示，则（　　）.

（A）$\boldsymbol{\alpha}_1,\boldsymbol{\alpha}_2,\cdots,\boldsymbol{\alpha}_s$ 线性相关　（B）$\boldsymbol{\alpha}_1,\boldsymbol{\alpha}_2,\cdots,\boldsymbol{\alpha}_s,\boldsymbol{\beta}$ 线性相关

（C）$\boldsymbol{\beta}$ 与某个 $\boldsymbol{\alpha}_i$ 线性相关　（D）$\boldsymbol{\beta}$ 与任一 $\boldsymbol{\alpha}_i$ 都线性无关

二、填空题.

1. 设 $n$ 维向量组 $\boldsymbol{\alpha}_1,\boldsymbol{\alpha}_2,\boldsymbol{\alpha}_3$ 线性相关，则向量组 $\boldsymbol{\alpha}_1-\boldsymbol{\alpha}_2,\boldsymbol{\alpha}_2-\boldsymbol{\alpha}_3,\boldsymbol{\alpha}_3-\boldsymbol{\alpha}_1$ 的秩 $r$________.

2. 向量组 $\boldsymbol{\alpha},\boldsymbol{\beta},\boldsymbol{\gamma}$ 线性相关的充分必要条件为____________.

3. 设 $\boldsymbol{\alpha}_1,\boldsymbol{\alpha}_2$ 线性无关，而 $\boldsymbol{\alpha}_1,\boldsymbol{\alpha}_2,\boldsymbol{\alpha}_3$ 线性相关，则向量组 $\boldsymbol{\alpha}_1,2\boldsymbol{\alpha}_2,3\boldsymbol{\alpha}_3$ 的极大无关组为____________.

4. 已知 $\boldsymbol{\alpha}_1=(1,3,2,4)$, $\boldsymbol{\alpha}_2=(2,6,k,8)$ 线性相关，则 $k=$_________.

5. 已知向量组 $\boldsymbol{\alpha},\boldsymbol{\beta},\boldsymbol{\gamma}$ 线性相关，而向量组 $\boldsymbol{\beta},\boldsymbol{\gamma},\boldsymbol{\delta}$ 线性无关，则向量组 $\boldsymbol{\alpha},\boldsymbol{\beta},\boldsymbol{\gamma}$ 的秩为______________.

三、判断题（正确的在括号里打“√”，错误的打“×”）.

1. 如果向量组 $\boldsymbol{\alpha},\boldsymbol{\beta},\boldsymbol{\gamma}$ 只有一个极大无关组，则 $\boldsymbol{\alpha},\boldsymbol{\beta},\boldsymbol{\gamma}$ 一定线性无关.（　　）

2. 设 $\boldsymbol{\alpha}$, $\boldsymbol{\beta}$ 线性相关，$\boldsymbol{\gamma}\neq\boldsymbol{0}$，则 $\boldsymbol{\alpha}+\boldsymbol{\gamma}$ 与 $\boldsymbol{\beta}+\boldsymbol{\gamma}$ 也线性相关.（　　）

3. 如果 $\boldsymbol{\alpha}-\boldsymbol{\beta}+2\boldsymbol{\gamma}\neq\boldsymbol{0}$，则 $\boldsymbol{\alpha},\boldsymbol{\beta},\boldsymbol{\gamma}$ 线性无关.（　　）

4. 向量组的秩就是它的极大线性无关组的个数.（　　）

5. 如果向量组 $\boldsymbol{\alpha}_1=(a,b)$, $\boldsymbol{\alpha}_2=(c,d)$ 线性无关，那么向量组 $\boldsymbol{\beta}_1=(a,c)$, $\boldsymbol{\beta}_2=(b,d)$ 一定线性无关.（　　）

四、已知 $\boldsymbol{\alpha}_1,\boldsymbol{\alpha}_2,\boldsymbol{\alpha}_3$ 是 $\mathbf{R}^3$ 的一组基，证明 $\boldsymbol{\alpha}_1+\boldsymbol{\alpha}_2$, $\boldsymbol{\alpha}_2+\boldsymbol{\alpha}_3$, $\boldsymbol{\alpha}_3+\boldsymbol{\alpha}_1$ 线性无关.

班级__________　　　　姓名____________　　　　学号__________

五、已知$\begin{cases}\boldsymbol{\beta}_1=\boldsymbol{\alpha}_1+\boldsymbol{\alpha}_2+\boldsymbol{\alpha}_3\\ \boldsymbol{\beta}_2=\boldsymbol{\alpha}_1+\boldsymbol{\alpha}_2+2\boldsymbol{\alpha}_3\\ \boldsymbol{\beta}_3=\boldsymbol{\alpha}_1+2\boldsymbol{\alpha}_2+3\boldsymbol{\alpha}_3\end{cases}$，证明$\boldsymbol{\alpha}_1,\boldsymbol{\alpha}_2,\boldsymbol{\alpha}_3$与$\boldsymbol{\beta}_1,\boldsymbol{\beta}_2,\boldsymbol{\beta}_3$等价.

六、设$n$维向量组（1）：$\boldsymbol{\alpha}_1,\boldsymbol{\alpha}_2,\cdots,\boldsymbol{\alpha}_s$的秩为$r_1$；（2）：$\boldsymbol{\beta}_1,\boldsymbol{\beta}_2,\cdots,\boldsymbol{\beta}_s$的秩为$r_2$；（3）：$\boldsymbol{\alpha}_1+\boldsymbol{\beta}_1,\boldsymbol{\alpha}_2+\boldsymbol{\beta}_2,\cdots,\boldsymbol{\alpha}_s+\boldsymbol{\beta}_s$的秩为$r_3$. 证明$r_1+r_2\geqslant r_3$.

七、判断下列向量组的线性相关性，并说明理由.

（1）$\boldsymbol{\alpha}_1=(2,4,7)$，$\boldsymbol{\alpha}_2=(0,2,5)$，$\boldsymbol{\alpha}_3=(1,1,1)$.

（2）$\boldsymbol{\gamma}_1=(1,2,3)$，$\boldsymbol{\gamma}_2=(0,2,3)$，$\boldsymbol{\gamma}_3=(1,3,2)$.

班级__________ 姓名__________ 学号__________

八、已知 $\boldsymbol{\alpha}_1,\boldsymbol{\alpha}_2,\cdots,\boldsymbol{\alpha}_s$ 及 $\boldsymbol{\beta}$ 都是 $n$ 维向量，且 $\boldsymbol{\beta}=\boldsymbol{\alpha}_1+\boldsymbol{\alpha}_2+\cdots+\boldsymbol{\alpha}_s$．证明：向量组 $\boldsymbol{\beta}-\boldsymbol{\alpha}_1,\boldsymbol{\beta}-\boldsymbol{\alpha}_2,\cdots,\boldsymbol{\beta}-\boldsymbol{\alpha}_s$ 线性无关的充分必要条件是向量组 $\boldsymbol{\alpha}_1,\boldsymbol{\alpha}_2,\cdots,\boldsymbol{\alpha}_s$ 线性无关.

九、已知 $\boldsymbol{\beta}$ 可由 $\boldsymbol{\alpha}_1,\boldsymbol{\alpha}_2,\cdots,\boldsymbol{\alpha}_{s-1},\boldsymbol{\alpha}_s$ 线性表示，但不能由 $\boldsymbol{\alpha}_1,\boldsymbol{\alpha}_2,\cdots,\boldsymbol{\alpha}_{s-1}$ 线性表示. 证明 $\boldsymbol{\alpha}_s$ 可由 $\boldsymbol{\alpha}_1,\boldsymbol{\alpha}_2,\cdots,\boldsymbol{\alpha}_{s-1},\boldsymbol{\beta}$ 线性表示，而不能由 $\boldsymbol{\alpha}_1,\boldsymbol{\alpha}_2,\cdots,\boldsymbol{\alpha}_{s-1}$ 线性表示.

班级__________　　姓名__________　　学号__________

# 第三章　线性映射

## 第一节　线性映射

1. 定义线性空间 $\mathbf{R}^4$ 到 $\mathbf{R}^3$ 的映射

$$T\begin{pmatrix}x_1\\x_2\\x_3\\x_4\end{pmatrix}=\begin{pmatrix}-x_1+x_2+2x_3+x_4\\-2x_2+2x_3\\-x_1-x_2+3x_3+x_4\end{pmatrix},$$

证明 $T$ 是一个线性映射，并求 $T$ 在下列基下的矩阵：

$\mathbf{R}^4$ 的基：$\boldsymbol{\eta}_1=\begin{pmatrix}1\\0\\1\\1\end{pmatrix},\boldsymbol{\eta}_2=\begin{pmatrix}0\\1\\0\\1\end{pmatrix},\boldsymbol{\eta}_3=\begin{pmatrix}0\\0\\1\\0\end{pmatrix},\boldsymbol{\eta}_4=\begin{pmatrix}0\\0\\2\\1\end{pmatrix}$；

$\mathbf{R}^3$ 的基：$\boldsymbol{\gamma}_1=\begin{pmatrix}1\\1\\1\end{pmatrix},\boldsymbol{\gamma}_2=\begin{pmatrix}1\\0\\-1\end{pmatrix},r_3=\begin{pmatrix}0\\1\\0\end{pmatrix}$.

班级___________ 姓名____________ 学号___________

## 第二节 线性方程组解的结构定理

1. 选择题.

（1）$\boldsymbol{A}$为$m\times n$阶矩阵，齐次线性方程组$\boldsymbol{Ax}=\boldsymbol{0}$有无数个解，则必有（ ）.

（A）$m<n$ （B）$R(\boldsymbol{A})<m$

（C）$\boldsymbol{A}$中有两列对应元素成比例 （D）$\boldsymbol{A}$的列向量组线性相关

（2）$\boldsymbol{A}$为$m\times n$阶矩阵，非齐次线性方程组$\boldsymbol{Ax}=\boldsymbol{b}$的解不唯一，则下列结论正确的是（ ）.

（A）$m<n$ （B）$R(\boldsymbol{A})<m$

（C）$\boldsymbol{A}$为零矩阵 （D）$\boldsymbol{Ax}=\boldsymbol{0}$的解不唯一

（3）已知$\boldsymbol{\beta}_1,\boldsymbol{\beta}_2$是非齐次线性方程组$\boldsymbol{Ax}=\boldsymbol{b}$的两个不同的解，$\boldsymbol{\alpha}_1,\boldsymbol{\alpha}_2$是非齐次线性方程组$\boldsymbol{Ax}=\boldsymbol{b}$导出方程组的基础解系，$k_1,k_2\in\mathbf{R}$，则方程组$\boldsymbol{Ax}=\boldsymbol{b}$的通解必是（ ）.

（A）$k_1\boldsymbol{\alpha}_1+k_2(\boldsymbol{\alpha}_1+\boldsymbol{\alpha}_2)+\dfrac{\boldsymbol{\beta}_1-\boldsymbol{\beta}_2}{2}$ （B）$k_1\boldsymbol{\alpha}_1+k_2(\boldsymbol{\alpha}_1-\boldsymbol{\alpha}_2)+\dfrac{\boldsymbol{\beta}_1+\boldsymbol{\beta}_2}{2}$

（C）$k_1\boldsymbol{\alpha}_1+k_2(\boldsymbol{\beta}_1+\boldsymbol{\beta}_2)+\dfrac{\boldsymbol{\beta}_1-\boldsymbol{\beta}_2}{2}$ （D）$k_1\boldsymbol{\alpha}_1+k_2(\boldsymbol{\beta}_1-\boldsymbol{\beta}_2)+\dfrac{\boldsymbol{\beta}_1+\boldsymbol{\beta}_2}{2}$

（4）设$\boldsymbol{\alpha}_1,\boldsymbol{\alpha}_2,\boldsymbol{\alpha}_3$是四元非齐次线性方程组$\boldsymbol{Ax}=\boldsymbol{b}$的三个解向量，且$R(\boldsymbol{A})=3$，$\boldsymbol{\alpha}_1=(1,2,3,4)^{\mathrm{T}}$，$\boldsymbol{\alpha}_2+\boldsymbol{\alpha}_3=(0,1,2,3)^{\mathrm{T}}$，$c$表示任意常数，则线性方程组$\boldsymbol{Ax}=\boldsymbol{b}$的通解为（ ）.

（A）$(1,2,3,4)^{\mathrm{T}}+c(1,1,1,1)^{\mathrm{T}}$ （B）$(1,2,3,3)^{\mathrm{T}}+c(0,1,2,3)^{\mathrm{T}}$

（C）$(1,2,3,4)^{\mathrm{T}}+c(2,3,4,5)^{\mathrm{T}}$ （D）$(1,2,3,4)^{\mathrm{T}}+c(3,4,5,6)^{\mathrm{T}}$

（5）设$n$元$m$个方程的非齐次线性方程组$\boldsymbol{Ax}=\boldsymbol{b}$的系数矩阵$\boldsymbol{A}$的秩为$r$，则（ ）.

（A）$r=m$时，$\boldsymbol{Ax}=\boldsymbol{b}$必有解 （B）$r=n$时，$\boldsymbol{Ax}=\boldsymbol{b}$有唯一解

（C）$m=n$时，$\boldsymbol{Ax}=\boldsymbol{b}$有唯一解 （D）$r<n$时，$\boldsymbol{Ax}=\boldsymbol{b}$有无穷多解

2. 求齐次线性方程组$\begin{cases}x_1+x_2+2x_3-x_4=0\\2x_1+x_2+x_3-x_4=0\\2x_1+2x_2+x_3+2x_4=0\end{cases}$的通解.

3. 已知下列两齐次线性方程组同解，求$a,b,c$的值.

（1）$\begin{cases}x_1+2x_2+3x_3=0\\2x_1+3x_2+5x_3=0\\x_1+x_2+ax_3=0\end{cases}$； （2）$\begin{cases}x_1+bx_2+cx_3=0\\2x_1+b^2x_2+(c+1)x_3=0\end{cases}$.

班级__________　　　　姓名____________　　　　学号__________

4. 已知下列两齐次线性方程组有非零公共解，求 $a$ 的值及所有公共解.

（1）$\begin{cases} x_1+x_2+x_3=0 \\ x_1+2x_2+ax_3=0 \\ x_1+4x_2+a^2x_3=0 \end{cases}$；　（2）$x_1+2x_2+x_3=a-1$.

5. 设 $\boldsymbol{A},\boldsymbol{B}$ 都是 $n$ 阶方阵，且 $\boldsymbol{AB}=\boldsymbol{O}$，证明：（1）$R(\boldsymbol{A})+R(\boldsymbol{B})\leqslant n$；（2）若 $\boldsymbol{A}^2=\boldsymbol{A}$，则 $R(\boldsymbol{A})+R(\boldsymbol{A}-\boldsymbol{E})=n$.

6. 设 $\boldsymbol{A}$ 是 $n$ 阶方阵 $(n\geqslant 2)$，$\boldsymbol{A}^*$ 为 $\boldsymbol{A}$ 的伴随矩阵，证明：$R(\boldsymbol{A}^*)=\begin{cases} n, & \text{当} R(\boldsymbol{A})=n \\ 1, & \text{当} R(\boldsymbol{A})=n-1 \\ 0, & \text{当} R(\boldsymbol{A})\leqslant n-2 \end{cases}$.

班级____________　　　　姓名______________　　　　学号____________

7. 已知三阶方阵 $\boldsymbol{B} \neq \boldsymbol{O}$，且 $\boldsymbol{B}$ 的每个列向量都是方程组 $\begin{cases} x_1 + 2x_2 - 2x_3 = 0 \\ 2x_1 - x_2 + \lambda x_3 = 0 \\ 3x_1 + x_2 - x_3 = 0 \end{cases}$ 的解，（1）求 $\lambda$ 的值；（2）证明：$|\boldsymbol{B}| = 0$.

8. 设 $\boldsymbol{\alpha}_1, \boldsymbol{\alpha}_2, \boldsymbol{\alpha}_3$ 是齐次线性方程组 $\boldsymbol{Ax} = \boldsymbol{0}$ 的基础解系，证明 $\boldsymbol{\alpha}_1 + \boldsymbol{\alpha}_2, \boldsymbol{\alpha}_2 + \boldsymbol{\alpha}_3, \boldsymbol{\alpha}_3 + \boldsymbol{\alpha}_1$ 也是基础解系.

9. 设向量组 $\boldsymbol{\alpha}_1, \cdots, \boldsymbol{\alpha}_t$ 是 $\boldsymbol{Ax} = \boldsymbol{0}$ 的基础解系，向量 $\boldsymbol{\beta}$ 使 $\boldsymbol{A\beta} \neq \boldsymbol{0}$，证明：$\boldsymbol{\beta}, \boldsymbol{\beta} + \boldsymbol{\alpha}_1, \boldsymbol{\beta} + \boldsymbol{\alpha}_2, \cdots, \boldsymbol{\beta} + \boldsymbol{\alpha}_t$ 线性无关.

10. 设四元非齐次线性方程组的系数矩阵的秩为 3，已知 $\boldsymbol{\eta}_1, \boldsymbol{\eta}_2, \boldsymbol{\eta}_3$ 是它的三个解向量，其中 $\boldsymbol{\eta}_1 = \begin{pmatrix} 2 \\ 0 \\ 5 \\ -1 \end{pmatrix}, \boldsymbol{\eta}_2 + \boldsymbol{\eta}_3 = \begin{pmatrix} 1 \\ 9 \\ 8 \\ 8 \end{pmatrix}$，求方程组的通解.

班级____________　　姓名______________　　学号____________

11. 设矩阵 $\boldsymbol{A}=(\boldsymbol{\alpha}_1,\boldsymbol{\alpha}_2,\boldsymbol{\alpha}_3,\boldsymbol{\alpha}_4)$，其中 $\boldsymbol{\alpha}_2,\boldsymbol{\alpha}_3,\boldsymbol{\alpha}_4$ 线性无关，$\boldsymbol{\alpha}_1=2\boldsymbol{\alpha}_2-\boldsymbol{\alpha}_3$,向量 $\boldsymbol{b}=\boldsymbol{\alpha}_1+\boldsymbol{\alpha}_2+\boldsymbol{\alpha}_3+\boldsymbol{\alpha}_4$，求方程组 $\boldsymbol{Ax}=\boldsymbol{b}$ 的通解.

12. 设非齐次线性方程组 $\boldsymbol{Ax}=\boldsymbol{b}$ 的系数矩阵的秩为 $r$，$\boldsymbol{\eta}_1,\boldsymbol{\eta}_2,\cdots,\boldsymbol{\eta}_{n-r+1}$ 是它的 $n-r+1$ 个线性无关解，证明：它的任一解可表示为 $\boldsymbol{x}=k_1\boldsymbol{\eta}_1+k_2\boldsymbol{\eta}_2+\cdots+k_{n-r+1}\boldsymbol{\eta}_{n-r+1}$（其中 $k_1+k_2+\cdots+k_{n-r+1}=1$）.

13. 设向量组 $B:\boldsymbol{\beta}_1,\boldsymbol{\beta}_2,\cdots,\boldsymbol{\beta}_r$ 能由向量组 $A:\boldsymbol{\alpha}_1,\boldsymbol{\alpha}_2,\cdots,\boldsymbol{\alpha}_s$ 线性表示为：

$$(\boldsymbol{\beta}_1,\boldsymbol{\beta}_2,\cdots,\boldsymbol{\beta}_r)=(\boldsymbol{\alpha}_1,\boldsymbol{\alpha}_2,\cdots,\boldsymbol{\alpha}_s)K$$

其中 $\boldsymbol{K}$ 为 $s\times r$ 矩阵，且向量组 $A$ 线性无关，证明：向量组 $B$ 线性无关的充分必要条件是矩阵 $\boldsymbol{K}$ 的秩 $R(\boldsymbol{K})=r$.

班级__________ 姓名__________ 学号__________

## 第三节　线性变换

1. 定义 $\mathbf{R}^3$ 的线性变换：

$$T\begin{pmatrix} x_1 \\ x_2 \\ x_3 \end{pmatrix} = \begin{pmatrix} 2x_1 - x_2 + 3x_3 \\ x_2 + x_3 \\ x_2 - x_3 \end{pmatrix}$$

求 $T$ 在标准基 $\boldsymbol{\varepsilon}_1 = \begin{pmatrix} 1 \\ 0 \\ 0 \end{pmatrix}, \boldsymbol{\varepsilon}_2 = \begin{pmatrix} 0 \\ 1 \\ 0 \end{pmatrix}, \boldsymbol{\varepsilon}_3 = \begin{pmatrix} 0 \\ 0 \\ 1 \end{pmatrix}$ 下的矩阵.

2. 设 $\mathbf{R}^3$ 的线性变换 $T$ 在标准基 $\boldsymbol{\varepsilon}_1 = \begin{pmatrix} 1 \\ 0 \\ 0 \end{pmatrix}, \boldsymbol{\varepsilon}_2 = \begin{pmatrix} 0 \\ 1 \\ 0 \end{pmatrix}, \boldsymbol{\varepsilon}_3 = \begin{pmatrix} 0 \\ 0 \\ 1 \end{pmatrix}$ 下的矩阵是

$$\boldsymbol{A} = \begin{pmatrix} 1 & 3 & 3 \\ -1 & 0 & 3 \\ 2 & 1 & 5 \end{pmatrix}$$

求 $T$ 在另一组基

$$\boldsymbol{\eta}_1 = \boldsymbol{\varepsilon}_1,\ \boldsymbol{\eta}_2 = \boldsymbol{\varepsilon}_1 + \boldsymbol{\varepsilon}_2,\ \boldsymbol{\eta}_3 = \boldsymbol{\varepsilon}_1 + \boldsymbol{\varepsilon}_2 + \boldsymbol{\varepsilon}_3$$

下的矩阵.

班级____________ 姓名____________ 学号____________

3. 设 $\boldsymbol{A},\boldsymbol{B}$ 均为 $n$ 阶方阵，$|\boldsymbol{A}|\neq 0$，证明 $\boldsymbol{AB}$ 与 $\boldsymbol{BA}$ 相似.

4. 若设 $\boldsymbol{A}$ 与 $\boldsymbol{B}$ 相似，证明 $\boldsymbol{A}^{\mathrm{T}}$ 与 $\boldsymbol{B}^{\mathrm{T}}$ 相似.

5. 设 $\mathbf{R}^3$ 的线性变换 $T$ 在标准基 $\boldsymbol{\varepsilon}_1=\begin{pmatrix}1\\0\\0\end{pmatrix},\boldsymbol{\varepsilon}_2=\begin{pmatrix}0\\1\\0\end{pmatrix},\boldsymbol{\varepsilon}_3=\begin{pmatrix}0\\0\\1\end{pmatrix}$ 下的矩阵是

$$\boldsymbol{A}=\begin{pmatrix}1&3&3\\-1&0&3\\2&1&5\end{pmatrix}$$

求 $T$ 的核 $\mathrm{Ker}T$.

班级____________ 姓名______________ 学号____________

## 第四节 特征值与特征向量

1. 填空题.

（1）已知方阵 $\boldsymbol{A}$ 的一个特征值为 $\lambda$，其对应的一个特征向量为 $\boldsymbol{\alpha}$，则 $k\boldsymbol{A}$ 的一个特征值为__________；$\boldsymbol{A}^2$ 的一个特征值为__________；$\boldsymbol{A}^2-2\boldsymbol{A}+\boldsymbol{E}$ 的一个特征值为________.

（2）已知可逆矩阵 $\boldsymbol{A}$ 的一个特征值为 $\lambda$，其对应的一个特征向量为 $\boldsymbol{\alpha}$，则其逆矩阵 $\boldsymbol{A}^{-1}$ 的一个特征值为__________；其伴随矩阵 $\boldsymbol{A}^*$ 的一个特征值为___________.

（3）已知三阶矩阵 $\boldsymbol{A}$ 的特征值分别为 $2,3,5$，则 $|\boldsymbol{A}|=$______，$|\boldsymbol{A}^*|=$__________.

（4）$\boldsymbol{A}=\begin{pmatrix}1&-2&-4\\-2&\boldsymbol{x}&-2\\-4&-2&1\end{pmatrix}$ 与 $\boldsymbol{B}=\begin{pmatrix}5&0&0\\0&\boldsymbol{y}&0\\0&0&-4\end{pmatrix}$ 相似，则 $x=$__________，$y=$________.

（5）$n$ 阶方阵 $\boldsymbol{A}$ 的特征值为 $0,1,2,\cdots,n-1$，方阵 $\boldsymbol{B}$ 与 $\boldsymbol{A}$ 相似，则 $|\boldsymbol{B}+\boldsymbol{E}|=$_________.

2. 求下列方阵的特征值与特征向量.

（1）$\boldsymbol{A}=\begin{pmatrix}0&0&1\\0&1&0\\1&0&0\end{pmatrix}$.

（2）$\boldsymbol{B}=\begin{pmatrix}3&1&0\\-4&-1&0\\4&-8&-2\end{pmatrix}$.

3. 设 $\boldsymbol{A}=\begin{pmatrix}7&4&-1\\4&7&7-1\\-4&-4&a\end{pmatrix}$，已知它的特征值为 $\lambda_1=\lambda_2=3,\ \lambda_3=12$，求 $a$ 的值.

班级__________ 姓名____________ 学号__________

4. 设 $\boldsymbol{A}=\begin{pmatrix}1&1&1\\a&b&c\\d&e&f\end{pmatrix}$，已知 $\begin{pmatrix}1\\1\\1\end{pmatrix}, \begin{pmatrix}1\\0\\-1\end{pmatrix}, \begin{pmatrix}1\\-1\\0\end{pmatrix}$ 为 $\boldsymbol{A}$ 的特征向量，求 $a,b,c,d,e,f$ 的值.

5. 证明：若 $\boldsymbol{A}^2=\boldsymbol{E}$，则 $\boldsymbol{A}$ 的特征值只能是 1 或 $-1$.

6. 设 $\boldsymbol{p}_1,\boldsymbol{p}_2$ 是方阵 $\boldsymbol{A}$ 的对应于两个不同特征值 $\lambda_1,\lambda_2$ 的特征向量，讨论 $\lambda_1\boldsymbol{p}_1+\lambda_2\boldsymbol{p}_2$ 是否为 $\boldsymbol{A}$ 的特征向量.

7. 证明 $\boldsymbol{A}^{\mathrm{T}}$ 与 $\boldsymbol{A}$ 有相同的特征值.

8. 证明：若 $\boldsymbol{A}^{\mathrm{T}}\boldsymbol{A}=\boldsymbol{E},\ |\boldsymbol{A}|=-1$，则 $-1$ 是 $\boldsymbol{A}$ 的特征值.

班级____________ 姓名______________ 学号____________

9. 求 $A=\begin{pmatrix}1&1&\cdots&1\\1&1&\cdots&1\\\vdots&\vdots&&\vdots\\1&1&\cdots&1\end{pmatrix}_{n\times n}$ 的特征值与特征向量.

10. 三阶方阵 $A$ 的特征值分别为 $\lambda_1=1,\lambda_2=0,\lambda_3=-1$，对应的特征向量为 $p_1=\begin{pmatrix}1\\2\\2\end{pmatrix},p_2=\begin{pmatrix}2\\-2\\1\end{pmatrix},p_3=\begin{pmatrix}-2\\-1\\2\end{pmatrix}$，求 $A$.

11. 设三阶方阵 $A$ 的特征值 $\lambda_1=1,\lambda_2=2,\lambda_3=3$，对应的特征向量为 $p_1=\begin{pmatrix}1\\-1\\0\end{pmatrix},p_2=\begin{pmatrix}-1\\1\\1\end{pmatrix},p_3=\begin{pmatrix}1\\1\\1\end{pmatrix}$，向量 $\beta=\begin{pmatrix}1\\1\\2\end{pmatrix}$，求 $A^m\beta$.

班级____________ 姓名____________ 学号____________

12. 若二阶矩阵 $\boldsymbol{A}$ 的特征值为 $-1$ 和 $1$，求 $\boldsymbol{A}^{2018}$.

13. 设 $\mathbf{R}^3$ 上线性变换 $T$ 在基 $\boldsymbol{\alpha}_1,\boldsymbol{\alpha}_2,\boldsymbol{\alpha}_3$ 下的矩阵为 $\boldsymbol{A}=\begin{pmatrix} 2 & -1 & 2 \\ 5 & -3 & 3 \\ -1 & 0 & -2 \end{pmatrix}$，求

（1）$T$ 的特征值与特征向量；

（2）$\boldsymbol{A}$ 能否对角化？若能够对角化，求 $\boldsymbol{P}$，使得 $\boldsymbol{P}^{-1}\boldsymbol{AP}$ 为对角矩阵.

14. 设 $\boldsymbol{A},\boldsymbol{B}$ 相似，其中 $\boldsymbol{A}=\begin{pmatrix} -2 & 0 & 0 \\ 2 & x & 2 \\ 3 & 1 & 1 \end{pmatrix}$，$\boldsymbol{B}=\begin{pmatrix} -1 & 0 & 0 \\ 0 & 2 & 0 \\ 0 & 0 & y \end{pmatrix}$，

（1）求 $x, y$；

（2）求可逆矩阵 $\boldsymbol{P}$，使得 $\boldsymbol{P}^{-1}\boldsymbol{AP}=\boldsymbol{B}$.

班级＿＿＿＿＿＿＿＿＿＿　　姓名＿＿＿＿＿＿＿＿＿＿＿＿　　学号＿＿＿＿＿＿＿＿＿＿

## 线性映射自测题

一、单项选择题.

1. 若 $n$ 阶非奇异矩阵 $\boldsymbol{A}$ 的各行元素之和均为常数 $a$，则 $\left(\frac{1}{2}\boldsymbol{A}^2\right)^{-1}$ 有一特征值为（　　）.

（A）$2a^2$　　（B）$-2a^2$　　（C）$2a^{-2}$　　（D）$-2a^{-2}$

2. 若 $\lambda$ 为四阶矩阵 $\boldsymbol{A}$ 的特征多项式的三重根，则 $\boldsymbol{A}$ 对应于 $\lambda$ 的特征向量最多有（　　）个线性无关.

（A）3 个　　（B）1 个　　（C）2 个　　（D）4 个

3. 设 $\boldsymbol{\alpha}$ 是矩阵 $\boldsymbol{A}$ 对应于其特征值 $\lambda$ 的特征向量，则 $\boldsymbol{P}^{-1}\boldsymbol{AP}$ 对应于 $\lambda$ 的特征向量为（　　）.

（A）$\boldsymbol{P}^{-1}\boldsymbol{\alpha}$　　（B）$\boldsymbol{P\alpha}$　　（C）$\boldsymbol{P}^{\mathrm{T}}\boldsymbol{\alpha}$　　（D）$\boldsymbol{\alpha}$

4. 设 $\boldsymbol{A}$ 为 $n(\geqslant 2)$ 阶方阵，且 $R(\boldsymbol{A})=n-1$，$\boldsymbol{\alpha}_1,\boldsymbol{\alpha}_2$ 是 $\boldsymbol{Ax}=\boldsymbol{0}$ 的两个不同的解向量，$k$ 为任意常数，则 $\boldsymbol{Ax}=\boldsymbol{0}$ 的通解为（　　）.

（A）$k\boldsymbol{\alpha}_1$　　（B）$k\boldsymbol{\alpha}_2$　　（C）$k(\boldsymbol{\alpha}_1-\boldsymbol{\alpha}_2)$　　（D）$k(\boldsymbol{\alpha}_1+\boldsymbol{\alpha}_2)$

5. 当（　　）时，齐次线性方程组 $\boldsymbol{A}_{m\times n}\boldsymbol{x}=\boldsymbol{0}$ 一定有非零解.

（A）$m\neq n$　　（B）$m=n$　　（C）$m>n$　　（D）$m<n$

6. 方程组 $\begin{cases}\lambda x_1+x_2+\lambda^2 x_3=0\\ x_1+\lambda x_2+x_3=0\\ x_1+x_2+\lambda x_3=0\end{cases}$ 的系数矩阵记为 $\boldsymbol{A}$，若存在三阶方阵 $\boldsymbol{B}\neq\boldsymbol{O}$，使得 $\boldsymbol{AB}=\boldsymbol{O}$，则（　　）.

（A）$\lambda=1$ 且 $|\boldsymbol{B}|=0$　　（B）$\lambda\neq 1$ 且 $|\boldsymbol{B}|\neq 0$

（C）$\lambda\neq 1$ 且 $|\boldsymbol{B}|=0$　　（D）$\lambda=1$ 且 $|\boldsymbol{B}|\neq 0$

7. 设 $\boldsymbol{A}$ 为 $n(\geqslant 2)$ 阶奇异方阵，$\boldsymbol{A}$ 中有一元素 $a_{ij}$ 的代数余子式 $A_{ij}\neq 0$，则方程组 $\boldsymbol{Ax}=\boldsymbol{0}$ 的基础解系所含的向量个数为（　　）.

（A）$i$　　（B）1　　（C）$j$　　（D）$n$

8. 设 $\boldsymbol{\alpha}_1,\boldsymbol{\alpha}_2,\boldsymbol{\alpha}_3$ 是 $\boldsymbol{Ax}=\boldsymbol{b}$ 的三个解向量，$R(\boldsymbol{A})=3$，$\boldsymbol{\alpha}_1=(1,2,3,4)^{\mathrm{T}}$，$\boldsymbol{\alpha}_2+\boldsymbol{\alpha}_3=(0,1,2,3)^{\mathrm{T}}$，$k$ 为任意常数，则 $\boldsymbol{Ax}=\boldsymbol{b}$ 的通解为（　　）.

（A）$\begin{pmatrix}1\\2\\3\\4\end{pmatrix}+k\begin{pmatrix}1\\1\\1\\1\end{pmatrix}$　　（B）$\begin{pmatrix}1\\2\\3\\4\end{pmatrix}+k\begin{pmatrix}0\\1\\2\\3\end{pmatrix}$　　（C）$\begin{pmatrix}1\\2\\3\\4\end{pmatrix}+k\begin{pmatrix}2\\3\\4\\5\end{pmatrix}$　　（D）$\begin{pmatrix}1\\2\\3\\4\end{pmatrix}+k\begin{pmatrix}3\\4\\5\\6\end{pmatrix}$

二、填空题.

1. 已知 $\boldsymbol{A}=\begin{pmatrix}2&0&0\\0&1&1\\0&0&x\end{pmatrix}$ 的伴随矩阵 $\boldsymbol{A}^*$ 有一特征值为 $-2$，则 $x=$＿＿＿＿＿＿＿＿.

2. 若二阶矩阵 $\boldsymbol{A}$ 的特征值为 $-1$ 和 $1$，则 $\boldsymbol{A}^{2018}=$＿＿＿＿＿＿＿＿.

3. $n$ 阶方阵 $\boldsymbol{A}$ 的特征值均非负，且 $\boldsymbol{A}^2=\boldsymbol{E}$，则其特征值必为＿＿＿＿＿＿＿＿.

4. 设四阶方阵 $\boldsymbol{A}=(\boldsymbol{\alpha}_1\ \boldsymbol{\alpha}_2\ \boldsymbol{\alpha}_3\ \boldsymbol{\alpha}_4)$，且 $\boldsymbol{\beta}=\boldsymbol{\alpha}_1-\boldsymbol{\alpha}_2+\boldsymbol{\alpha}_3-\boldsymbol{\alpha}_4$，则方程组 $\boldsymbol{Ax}=\boldsymbol{\beta}$ 的一个解向量为＿＿＿＿＿＿＿＿.

5. 已知方程组 $\begin{pmatrix}1&2&1\\2&3&a+2\\1&a&-2\end{pmatrix}\begin{pmatrix}x_1\\x_2\\x_3\end{pmatrix}=\begin{pmatrix}1\\3\\0\end{pmatrix}$ 无解，则 $a=$＿＿＿＿＿＿.

班级___________ 姓名_____________ 学号___________

三、判断题（正确的在括号里打“√”，错误的打“×”）.

1. 若 $\boldsymbol{A}_{n\times n}\boldsymbol{x}_{n\times 1}=2\boldsymbol{x}_{n\times 1}$，则 2 是 $\boldsymbol{A}_{n\times n}$ 的一个特征值. ( )
2. 若 $\boldsymbol{\alpha}_1,\boldsymbol{\alpha}_2,\boldsymbol{\alpha}_3,\boldsymbol{\alpha}_4,\boldsymbol{\alpha}_5$ 都是 $\boldsymbol{Ax}=\boldsymbol{b}$ 的解，则 $\boldsymbol{\alpha}_1+4\boldsymbol{\alpha}_2-3\boldsymbol{\alpha}_3+6\boldsymbol{\alpha}_4-8\boldsymbol{\alpha}_5$ 是 $\boldsymbol{Ax}=\boldsymbol{0}$ 的一个解. ( )
3. 方程组 $\boldsymbol{A}_{m\times n}\boldsymbol{x}=\boldsymbol{0}$ 的基础解系的个数等于 $n-R(\boldsymbol{A}_{m\times n})$. ( )
4. 若方程组 $\boldsymbol{Ax}=\boldsymbol{0}$ 有非零解，则方程组 $\boldsymbol{Ax}=\boldsymbol{b}$ 必有无穷多解. ( )
5. $\boldsymbol{Ax}=\boldsymbol{0}$ 与 $\boldsymbol{A}^{\mathrm{T}}\boldsymbol{Ax}=\boldsymbol{0}$ 为同解方程组. ( )
6. 方程组 $\boldsymbol{Ax}=\boldsymbol{b}$ 有无穷多个解的充分必要条件是 $\boldsymbol{Ax}=\boldsymbol{b}$ 有两个不同的解. ( )

四、求齐次线性方程组 $\begin{cases}x_1+x_2+x_5=0\\x_1+x_2-x_3=0\\x_3+x_4+x_5=0\end{cases}$ 的一个基础解系.

五、求矩阵 $\boldsymbol{A}=\begin{pmatrix}4&2&-5\\6&4&-9\\5&3&-7\end{pmatrix}$ 的特征值与特征向量.

六、求方程组 $\begin{cases}x_1+x_2=0\\x_2-x_4=0\end{cases}$ 与 $\begin{cases}x_1-x_2+x_3=0\\x_2-x_3+x_4=0\end{cases}$ 的非零公共解.

班级____________ 姓名______________ 学号____________

七、若齐次线性方程组 $\boldsymbol{A}_{m\times n}\boldsymbol{x}=\boldsymbol{0}$ 的解均为齐次线性方程组 $\boldsymbol{B}_{l\times n}\boldsymbol{x}=\boldsymbol{0}$ 的解，试证明 $R(\boldsymbol{A})\geqslant R(\boldsymbol{B})$.

八、若矩阵 $\boldsymbol{A}$ 满足 $\boldsymbol{A}^2-3\boldsymbol{A}+2\boldsymbol{E}=\boldsymbol{O}$，证明 $\boldsymbol{A}$ 的特征值只能是 $1$ 或 $2$.

九、证明 $\boldsymbol{A}=\begin{pmatrix}2&0&0\\0&0&1\\0&1&0\end{pmatrix}$ 与 $\boldsymbol{B}=\begin{pmatrix}1&0&0\\0&-1&0\\0&-6&2\end{pmatrix}$ 相似.

班级____________　　姓名____________　　学号____________

十、设 $\boldsymbol{A}=\begin{pmatrix} 0 & 0 & 1 \\ x & 1 & y \\ 1 & 0 & 0 \end{pmatrix}$ 与对角阵相似，求 $x$ 和 $y$ 应满足的条件.

十一、求 $\boldsymbol{A}=\begin{pmatrix} 1 & 1 & \cdots & 1 \\ 1 & 1 & \cdots & 1 \\ \vdots & \vdots & & \vdots \\ 1 & 1 & \cdots & 1 \end{pmatrix}_{n\times n}$ 的特征值与特征向量.

班级____________　　　　姓名______________　　　　学号___________

# 第四章　欧几里德空间与二次型

## 第一节　欧式空间的定义与基本性质

1. 设$\boldsymbol{\alpha},\boldsymbol{\beta}$均是$n$维向量，且$\boldsymbol{\alpha}\perp\boldsymbol{\beta}$，证明：$\|\boldsymbol{\alpha}+\boldsymbol{\beta}\|^2=\|\boldsymbol{\alpha}\|^2+\|\boldsymbol{\beta}\|^2$.

2. 证明：$\boldsymbol{\alpha}\perp\boldsymbol{\beta}\Leftrightarrow\forall\lambda\in\mathbf{R},\ \|\boldsymbol{\alpha}+\lambda\boldsymbol{\beta}\|=\|\boldsymbol{\alpha}-\lambda\boldsymbol{\beta}\|$.

3. 在$\mathbf{R}^4$中求向量$\boldsymbol{\alpha},\boldsymbol{\beta}$的夹角，其中$\boldsymbol{\alpha}=\begin{pmatrix}2\\1\\3\\2\end{pmatrix},\boldsymbol{\beta}=\begin{pmatrix}1\\2\\-2\\1\end{pmatrix}$.

班级＿＿＿＿＿＿ 姓名＿＿＿＿＿＿ 学号＿＿＿＿＿＿

4. 在 $\mathbf{R}^3$ 中，设 $\boldsymbol{e}_1=(1,1,1),\boldsymbol{e}_2=(1,1,0),\boldsymbol{e}_3=(1,0,0)$，向量 $\boldsymbol{\alpha}=3\boldsymbol{e}_1-5\boldsymbol{e}_2-2\boldsymbol{e}_3$，$\boldsymbol{\beta}=6\boldsymbol{e}_1+4\boldsymbol{e}_2$，求 $(\boldsymbol{\alpha},\boldsymbol{\beta})$.

5. 证明：合同关系为等价关系.

班级__________ 姓名__________ 学号__________

## 第二节　标准正交基与正交变换

1. 设 $\boldsymbol{\varepsilon}_1,\boldsymbol{\varepsilon}_2,\boldsymbol{\varepsilon}_3$ 是 $\mathbf{R}^3$ 的一组标准正交基，证明 $\boldsymbol{\alpha}_1,\boldsymbol{\alpha}_2,\boldsymbol{\alpha}_3$ 也是 $\mathbf{R}^3$ 的标准正交基，其中

$$\begin{cases} \boldsymbol{\alpha}_1 = \dfrac{1}{3}(2\boldsymbol{\varepsilon}_1 + \boldsymbol{\varepsilon}_2 - \boldsymbol{\varepsilon}_3) \\ \boldsymbol{\alpha}_2 = \dfrac{1}{3}(2\boldsymbol{\varepsilon}_1 - \boldsymbol{\varepsilon}_2 + 2\boldsymbol{\varepsilon}_3) \\ \boldsymbol{\alpha}_3 = \dfrac{1}{3}(\boldsymbol{\varepsilon}_1 - 2\boldsymbol{\varepsilon}_2 - 2\boldsymbol{\varepsilon}_3) \end{cases}.$$

2. 设 $\boldsymbol{x}$ 是 $n$ 维列向量，$\|\boldsymbol{x}\| = 1$，证明：$\boldsymbol{H} = \boldsymbol{E} - 2\boldsymbol{x}\boldsymbol{x}^{\mathrm{T}}$ 为对称的正交矩阵.

3. 设方阵 $\boldsymbol{A},\boldsymbol{B}$ 正交，证明：$\boldsymbol{A}^{\mathrm{T}},\boldsymbol{AB},\boldsymbol{A}^*$ 都是正交矩阵.

班级____________ 姓名______________ 学号____________

4. 求正交矩阵 $\boldsymbol{P}$，将矩阵 $\boldsymbol{A}=\begin{pmatrix} 2 & 2 & -2 \\ 2 & 5 & -4 \\ -2 & -4 & 5 \end{pmatrix}$ 对角化.

5. 三阶实对称方阵 $\boldsymbol{A}$ 的特征值为 6,3,3，若对应于 6 的特征向量为 $\boldsymbol{p}_1=(1,1,1)^{\mathrm{T}}$，求方阵 $\boldsymbol{A}$.

班级____________　　　　　　姓名______________　　　　　学号___________

## 第三节　二次型及其标准形

1. 用矩阵记号表示下列二次型：

（1）$f = x_1^2 + 4x_2^2 + x_3^2 + 4x_1x_2 + 4x_2x_3$.

（2）$f = 8x_1x_4 + 2x_2x_3 + 8x_2x_4 + 2x_3x_4$.

2. 写出下列矩阵所对应的二次型.

（1）$\boldsymbol{A} = \begin{pmatrix} 1 & 1 & 0 \\ 1 & 2 & 2 \\ 0 & 2 & 4 \end{pmatrix}$；

（2）$\boldsymbol{B} = \begin{pmatrix} 1 & -1 & 1 \\ -1 & -3 & -3 \\ 1 & -3 & 0 \end{pmatrix}$.

3. 用正交变换把二次型 $f = 2x_1^2 + x_2^2 - 4x_1x_2 - 4x_2x_3$ 化为标准形，并求正交变换的矩阵.

班级____________ 姓名______________ 学号____________

4. 用配方法化二次型 $f = x_1^2 + 4x_2^2 + 2x_3^2 - 4x_1x_2 + 2x_1x_3$ 为标准形，并写出所用的变换矩阵.

5. 用配方法化二次型 $f = x_1x_2 + x_2x_3 + x_1x_3$ 为标准形，并写出所用的变换矩阵.

班级____________ 姓名______________ 学号____________

## 第四节　正定二次型

1. 判断题（正确的在括号里打"√"，错误的打"×"）.

（1）若 $\boldsymbol{A}$ 为 $n$ 阶实对称阵，且二次型 $f(x_1,x_2,\cdots,x_n)=\boldsymbol{x}^{\mathrm{T}}\boldsymbol{A}\boldsymbol{x}$ 正定，则 $\boldsymbol{A}$ 的特征值全为正.（　　）

（2）若 $\boldsymbol{A}$ 为 $n$ 阶实对称阵，且二次型 $f(x_1,x_2,\cdots,x_n)=\boldsymbol{x}^{\mathrm{T}}\boldsymbol{A}\boldsymbol{x}$ 正定，则 $\boldsymbol{A}$ 的一切顺序主子式全为正.（　　）

（3）若 $\boldsymbol{A}$ 为 $n$ 阶实对称阵，且二次型 $f(x_1,x_2,\cdots,x_n)=\boldsymbol{x}^{\mathrm{T}}\boldsymbol{A}\boldsymbol{x}$ 正定，则 $\boldsymbol{A}$ 的主对角线上的元素全为正.（　　）

（4）若 $\boldsymbol{A}$ 为 $n$ 阶实对称阵，且二次型 $f(x_1,x_2,\cdots,x_n)=\boldsymbol{x}^{\mathrm{T}}\boldsymbol{A}\boldsymbol{x}$ 正定，则对一切 $n$ 维列向量 $\boldsymbol{x}$，$\boldsymbol{x}^{\mathrm{T}}\boldsymbol{A}\boldsymbol{x}$ 全为正.（　　）

2. 判断下列二次型的正定性.

（1）$f=x_1^2+2x_2^2+6x_3^2+2x_1x_2+2x_1x_3+6x_2x_3$.

（2）$f=5x_1^2+x_2^2+5x_3^2+4x_1x_2-8x_1x_3-4x_2x_3$.

3. 求 $t$ 的取值范围，使二次型 $f=t(x_1^2+x_2^2+x_3^2)+2x_1x_2$ 为（1）正定的；（2）负定的.

班级____________ 姓名______________ 学号____________

4. 设$\boldsymbol{A}$为$n$阶实对称矩阵,$\boldsymbol{A}$的特征值的全体为$\lambda_1,\lambda_2,\cdots\lambda_n$，则当$t$的取值范围为_________时，$\boldsymbol{A}+t\boldsymbol{E}$正定，原因是__________________________.

5. 证明：设$\boldsymbol{A}$为$n$阶正定矩阵，则$|\boldsymbol{A}+\boldsymbol{E}|>1$.

6. 设$\boldsymbol{A}$为$n$阶实对称矩阵，如对任意的$n$维向量$\boldsymbol{x}$，有$\boldsymbol{x}^{\mathrm{T}}\boldsymbol{A}\boldsymbol{x}=\boldsymbol{0}$，则$\boldsymbol{A}=\boldsymbol{O}$.

7. 设$\boldsymbol{U}$为可逆矩阵，$\boldsymbol{A}=\boldsymbol{U}^{\mathrm{T}}\boldsymbol{U}$，证明$f=\boldsymbol{x}^{\mathrm{T}}\boldsymbol{A}\boldsymbol{x}$为正定二次型.

班级____________ 姓名______________ 学号____________

8. 设 $\boldsymbol{A}$ 为 $n$ 阶正定矩阵，证明存在可逆矩阵 $\boldsymbol{U}$，使得 $\boldsymbol{A}=\boldsymbol{U}^{\mathrm{T}}\boldsymbol{U}$ .

9. 若二次型 $f=2x_1^2+3x_2^2+3x_3^2+2tx_2x_3\,(t<0)$ 通过正交变换化为 $f=2y_1^2+y_2^2+5y_3^2$

（1）求 $t$ 的值；

（2）证明：当 $x_1^2+x_2^2+x_3^2=1$ 时，$f$ 的最大值为 5.

班级____________ 姓名____________ 学号____________

## 欧几里德空间与二次型自测题

一、单项选择题.

1. 设 $\boldsymbol{\alpha}_1,\boldsymbol{\alpha}_2,\cdots,\boldsymbol{\alpha}_n$ 是 $\mathbf{R}^n$ 的一组标准正交基，$\boldsymbol{A}$ 是 $n$ 阶矩阵，$\mathbf{R}^n$ 的向量组 $\boldsymbol{\beta}_1,\boldsymbol{\beta}_2,\cdots,\boldsymbol{\beta}_n$ 满足：$(\boldsymbol{\beta}_1,\boldsymbol{\beta}_2,\cdots,\boldsymbol{\beta}_n)=(\boldsymbol{\alpha}_1,\boldsymbol{\alpha}_2,\cdots,\boldsymbol{\alpha}_n)\boldsymbol{A}$，则以下选项不正确的是（　　）.

（A）$\boldsymbol{A}$ 为可逆矩阵时，向量组 $\boldsymbol{\beta}_1,\boldsymbol{\beta}_2,\cdots,\boldsymbol{\beta}_n$ 是标准正交基

（B）$\boldsymbol{A}$ 为正交矩阵时，向量组 $\boldsymbol{\beta}_1,\boldsymbol{\beta}_2,\cdots,\boldsymbol{\beta}_n$ 是标准正交基

（C）向量组 $\boldsymbol{\beta}_1,\boldsymbol{\beta}_2,\cdots,\boldsymbol{\beta}_n$ 是标准正交基时，$\boldsymbol{A}$ 是可逆矩阵

（D）向量组 $\boldsymbol{\beta}_1,\boldsymbol{\beta}_2,\cdots,\boldsymbol{\beta}_n$ 是标准正交基时，$\boldsymbol{A}$ 是正交矩阵

2. 设 $\boldsymbol{A}$ 为四阶实对称矩阵，且 $\boldsymbol{A}^2+\boldsymbol{A}=\boldsymbol{O}$. 若 $\boldsymbol{A}$ 的秩为 3，则 $\boldsymbol{A}$ 相似于（　　）.

（A）$\begin{pmatrix}1&&&\\&1&&\\&&1&\\&&&0\end{pmatrix}$　（B）$\begin{pmatrix}1&&&\\&1&&\\&&-1&\\&&&0\end{pmatrix}$

（C）$\begin{pmatrix}1&&&\\&-1&&\\&&-1&\\&&&0\end{pmatrix}$　（D）$\begin{pmatrix}-1&&&\\&-1&&\\&&-1&\\&&&0\end{pmatrix}$

3. 若 $\boldsymbol{A}$ 为 $n$ 阶实对称矩阵，且二次型 $f(x_1,x_2,\cdots,x_n)=\boldsymbol{x}^{\mathrm{T}}\boldsymbol{A}\boldsymbol{x}$ 正定，则下列结论不正确的是（　　）.

（A）$\boldsymbol{A}$ 的特征值全为正　（B）$\boldsymbol{A}$ 的一切顺序主子式全为正

（C）$\boldsymbol{A}$ 的主对角线上的元素全为正　（D）对一切 $n$ 维列向量 $\boldsymbol{x}$，$\boldsymbol{x}^{\mathrm{T}}\boldsymbol{A}\boldsymbol{x}$ 全为正

4. 设 $\boldsymbol{A},\boldsymbol{B}$ 均为 $n$ 阶矩阵，那么（　　）.

（A）若 $\boldsymbol{A},\boldsymbol{B}$ 合同，则 $\boldsymbol{A},\boldsymbol{B}$ 相似　（B）若 $\boldsymbol{A},\boldsymbol{B}$ 相似，则 $\boldsymbol{A},\boldsymbol{B}$ 等价

（C）若 $\boldsymbol{A},\boldsymbol{B}$ 等价，则 $\boldsymbol{A},\boldsymbol{B}$ 合同　（D）若 $\boldsymbol{A},\boldsymbol{B}$ 相似，则 $\boldsymbol{A},\boldsymbol{B}$ 合同

二、填空题.

1. 向量组 $\boldsymbol{\alpha}_1=(1,1,1)^{\mathrm{T}}$，$\boldsymbol{\alpha}_2=(1,t,1)^{\mathrm{T}}$，$\boldsymbol{\alpha}_3=(-1,u,v)^{\mathrm{T}}$ 是正交向量组，那么 $t=$____________，$u=$____________，$v=$____________.

2. 若 $\boldsymbol{A}$ 为正定矩阵，且 $\boldsymbol{A}^{\mathrm{T}}\boldsymbol{A}=\boldsymbol{E}$，则 $|\boldsymbol{A}|=$____________.

3. 若二阶矩阵 $\boldsymbol{A}$ 的特征值为 $-1$ 和 $1$，则 $\boldsymbol{A}^{2018}=$____________.

4. 二次型 $f(x_1,x_2,x_3,x_4)=2x_1x_2-ax_3x_4$ 的秩为 2，则 $a=$__________.

5. 二次型 $f(x_1,x_2,x_3)=(x_1+x_2)^2+(x_2-x_3)^2+(x_3+x_1)^2$ 的秩为____________.

三、判断题（正确的在括号里打“√”，错误的打“×”）.

1. 实对称矩阵 $\boldsymbol{A}$ 的非零特征值的个数等于它的秩.（　　）

2. 二次型 $f=\boldsymbol{x}^{\mathrm{T}}\boldsymbol{A}\boldsymbol{x}$ 在正交变换 $\boldsymbol{x}=\boldsymbol{P}\boldsymbol{y}$ 下一定化为标准形.（　　）

3. 若 $\boldsymbol{\alpha}_1,\boldsymbol{\alpha}_2,\cdots,\boldsymbol{\alpha}_n$ 线性无关且都是 $\boldsymbol{A}$ 的特征向量，则将它们先正交化，再单位化后仍为 $\boldsymbol{A}$ 的特征向量.（　　）

4. 已知 $\boldsymbol{A}$ 为 $n$ 阶矩阵，$\boldsymbol{x}$ 为 $n$ 维列向量，如果 $\boldsymbol{A}$ 不对称，则 $\boldsymbol{x}^{\mathrm{T}}\boldsymbol{A}\boldsymbol{x}$ 不是二次型.（　　）

班级____________ 姓名______________ 学号___________

四、已知 $\boldsymbol{A}$ 为实对称可逆矩阵，试证明二次型 $f(x_1,x_2,\cdots,x_n)=\boldsymbol{x}^{\mathrm{T}}\boldsymbol{A}\boldsymbol{x}$ 与二次型 $g(x_1,x_2,\cdots,x_n)=\boldsymbol{x}^{\mathrm{T}}\boldsymbol{A}^{-1}\boldsymbol{x}$ 具有相同的规范形.

五、已知 $a>0$，且二次型 $f=2x_1^2+3x_2^2+3x_3^2+2ax_2x_3$ 通过正交变换化成标准形 $f=y_1^2+2y_2^2+5y_3^2$，求参数 $a$ 的值及所用的正交变换矩阵.

六、设二次型 $f=2(a_1x_1+a_2x_2+a_3x_3)^2+(b_1x_1+b_2x_2+b_3x_3)^2$，记

$$\boldsymbol{\alpha}=\begin{pmatrix}a_1\\a_2\\a_3\end{pmatrix},\boldsymbol{\beta}=\begin{pmatrix}b_1\\b_2\\b_3\end{pmatrix}$$

（1）证明：二次型 $f$ 对应的矩阵为 $2\boldsymbol{\alpha}\boldsymbol{\alpha}^{\mathrm{T}}+\boldsymbol{\beta}\boldsymbol{\beta}^{\mathrm{T}}$；

（2）若 $\boldsymbol{\alpha},\boldsymbol{\beta}$ 正交且均为单位向量，证明 $f$ 在正交变换下的标准形为 $2y_1^2+y_2^2$.

班级____________　　　　姓名______________　　　　学号____________

# 线性代数综合测试题一

一、填空题.（每小题 4 分，共 20 分）

1. 已知 $\boldsymbol{A}$ 为三阶方阵，且 $|\boldsymbol{A}|=\dfrac{1}{8}$，则 $\left|\left(\dfrac{1}{3}\boldsymbol{A}\right)^{-1}-8\boldsymbol{A}^*\right|=$________.

2. 已知 $\boldsymbol{A}=\begin{pmatrix}1&2&3\\2&0&0\\3&0&1\end{pmatrix}$，$\boldsymbol{B}=\begin{pmatrix}2&1\\3&1\\1&0\end{pmatrix}$，设矩阵 $\boldsymbol{X}$ 满足 $\boldsymbol{AX}=\boldsymbol{B}$，则 $\boldsymbol{X}=$______________.

3. 设 $\boldsymbol{A}$ 为 $4\times3$ 阶矩阵，且 $R(\boldsymbol{A})=2$．设 $\boldsymbol{B}=\begin{pmatrix}1&0&2\\0&2&0\\-1&0&3\end{pmatrix}$，则 $R(\boldsymbol{AB})=$________.

4. 设齐次线性方程组 $\boldsymbol{Ax}=\boldsymbol{0}$ 只有零解，其中 $\boldsymbol{A}$ 是 $5\times3$ 阶矩阵，则 $R(\boldsymbol{A}_{5\times3})=$______.

5. 向量组 $\{\boldsymbol{\alpha}_1,\boldsymbol{\alpha}_2,\cdots,\boldsymbol{\alpha}_s\}$，$\{\boldsymbol{\alpha}_1,\boldsymbol{\alpha}_2,\cdots,\boldsymbol{\alpha}_s,\boldsymbol{\beta}\}$，$\{\boldsymbol{\alpha}_1,\boldsymbol{\alpha}_2,\cdots,\boldsymbol{\alpha}_s,\boldsymbol{\gamma}\}$ 的秩分别为 $s,s,s+1$，则向量组 $\{\boldsymbol{\alpha}_1,\boldsymbol{\alpha}_2,\cdots,\boldsymbol{\alpha}_s,\boldsymbol{\gamma}-\boldsymbol{\beta}\}$ 的秩为__________.

二、选择题.（每小题 4 分，共 20 分）

1. 下列选项中，选项（　　）不是 $n$ 阶方阵 $\boldsymbol{A}$ 可逆的充分必要条件.

（A）$\boldsymbol{A}$ 可以分解为若干个初等矩阵的乘积

（B）$\boldsymbol{A}$ 的秩为 $n$

（C）$\boldsymbol{A}$ 与 $n$ 阶单位矩阵合同

（D）$\boldsymbol{A}$ 与 $n$ 阶单位矩阵等价

2. 设 $V$ 是 $n$ 维向量空间，$T$ 是 $V$ 上的线性算子．设 $\boldsymbol{\eta}_1,\boldsymbol{\eta}_2,\cdots,\boldsymbol{\eta}_n$ 和 $\boldsymbol{\mu}_1,\boldsymbol{\mu}_2,\cdots,\boldsymbol{\mu}_n$ 是 $V$ 的两组基，$T$ 在这两组基下的矩阵分别为 $\boldsymbol{A}$ 和 $\boldsymbol{B}$，则下列说法正确的是（　　）.

（A）$\boldsymbol{A}$ 相似于 $\boldsymbol{B}$　　　（B）$\boldsymbol{A}$ 合同于 $\boldsymbol{B}$

（C）$\boldsymbol{A}$ 与 $\boldsymbol{B}$ 行等价　　　（D）$\boldsymbol{A}$ 与 $\boldsymbol{B}$ 列等价

3. 下列说法正确的是（　　）.

（A）如果 $n$ 阶方阵 $\boldsymbol{A}$ 与 $n$ 阶方阵 $\boldsymbol{B}$ 合同，那么 $\boldsymbol{A}$ 与 $\boldsymbol{B}$ 不一定等价

（B）设 $\boldsymbol{p}_1,\boldsymbol{p}_2$ 是方阵 $\boldsymbol{A}$ 的不同特征值的特征向量，则 $\boldsymbol{p}_1+\boldsymbol{p}_2$ 也是 $\boldsymbol{A}$ 的特征向量

（C）任意一个矩阵都与某个标准形矩阵等价

（D）设三维向量组 $\boldsymbol{\eta}_1,\boldsymbol{\eta}_2,\boldsymbol{\eta}_3,\boldsymbol{\eta}_4$ 是两两正交的向量组，则它们是线性无关的.

4. 已知 $n$ 阶方阵 $\boldsymbol{A}$ 与 $\boldsymbol{B}$ 相似，则下列说法不正确的是（　　）.

（A）$R(\boldsymbol{A})=R(\boldsymbol{B})$　　　（B）$\mathrm{tr}(\boldsymbol{A})=\mathrm{tr}(\boldsymbol{B})$

（C）$\boldsymbol{A}$ 与 $\boldsymbol{B}$ 的特征向量相同　　　（D）$|\boldsymbol{A}|=|\boldsymbol{B}|$

5. 已知三阶方阵 $\boldsymbol{A}$ 的三个特征值为 $1,-2,-3$，则 $|\boldsymbol{A}-5\boldsymbol{E}|$ 的值为（　　）.

（A）6　　（B）－224　　（C）36　　（D）－30

三、解答题（本题共 55 分）

1.（11 分）已知三阶方阵 $\boldsymbol{A}$ 满足 $\boldsymbol{A}\begin{pmatrix}1\\-1\\0\end{pmatrix}=\begin{pmatrix}1\\-1\\0\end{pmatrix}$，$\boldsymbol{A}\begin{pmatrix}-1\\1\\1\end{pmatrix}=\begin{pmatrix}-2\\2\\2\end{pmatrix}$，$\boldsymbol{A}\begin{pmatrix}1\\1\\1\end{pmatrix}=\begin{pmatrix}3\\3\\3\end{pmatrix}$，证明向量组 $\begin{pmatrix}1\\-1\\0\end{pmatrix},\begin{pmatrix}-1\\1\\1\end{pmatrix},\begin{pmatrix}1\\1\\1\end{pmatrix}$ 线性无关，并计算 $\boldsymbol{A}^3\begin{pmatrix}1\\1\\2\end{pmatrix}$.

班级____________　　　　姓名______________　　　　学号___________

2.（12 分） $a$ 为何值时，方程组 $\begin{cases} 2x_1 + ax_2 - 4x_3 = 1 \\ 3x_1 - x_2 + ax_3 = 2 \\ x_1 + 5x_2 - x_3 = -3 \end{cases}$ 无解？有唯一解？有无穷多解？并在有无穷解时求出其全体解.

3.（14 分） 用正交变换法将二次型 $f(x_1,x_2,x_3) = (x_1,x_2,x_3)\begin{pmatrix} 2 & -3 & 0 \\ -1 & -1 & 0 \\ 0 & 0 & 0 \end{pmatrix}\begin{pmatrix} x_1 \\ x_2 \\ x_3 \end{pmatrix}$ 化成标准形，并求出正交变换矩阵及二次型的秩和正惯性指数.

4.（12 分） 求向量组 $\boldsymbol{\alpha}_1 = (1,1,1,1,2)^{\mathrm{T}}$，$\boldsymbol{\alpha}_2 = (2,1,3,2,3)^{\mathrm{T}}$，$\boldsymbol{\alpha}_3 = (2,3,2,2,5)^{\mathrm{T}}$，$\boldsymbol{\alpha}_4 = (1,3,-1,1,4)^{\mathrm{T}}$ 的秩和极大线性无关组，并将其他向量用极大线性无关组线性表示.

5.（6 分） 二次型 $tx_1^2 + tx_2^2 + tx_3^3 + 2x_1x_2 + 2x_1x_3 - 2x_2x_3$ 是负定的，求 $t$ 的取值范围.

四、证明题（本题 5 分）

设 $\{\boldsymbol{\alpha}_1,\boldsymbol{\alpha}_2,\cdots,\boldsymbol{\alpha}_n\}$ 是 $n$ 个 $n$ 维向量，若 $n$ 维标准基向量 $\{\boldsymbol{e}_1,\boldsymbol{e}_2,\cdots,\boldsymbol{e}_n\}$ 能由它们线性表示，证明 $\{\boldsymbol{\alpha}_1,\boldsymbol{\alpha}_2,\cdots,\boldsymbol{\alpha}_n\}$ 线性无关.

班级____________ 姓名______________ 学号____________

# 线性代数综合测试题二

一、填空题（每小题 4 分，共 20 分）

1. 已知$\begin{vmatrix} 1 & 2 & 3 \\ 1 & -1 & x \\ 1 & 1 & -1 \end{vmatrix}$是关于$x$的一次多项式，该式中$x$的系数为____________.

2. 已知矩阵$\boldsymbol{A}=\begin{pmatrix} k & 1 & 1 & 1 \\ 1 & k & 1 & 1 \\ 1 & 1 & k & 1 \\ 1 & 1 & 1 & k \end{pmatrix}$，且$\boldsymbol{A}$的秩$R(\boldsymbol{A})=3$，则$k=$____________.

3. 设$\boldsymbol{A},\boldsymbol{B}$为三阶矩阵，$|\boldsymbol{A}|=-1, |\boldsymbol{B}|=2$，则$\left|2(\boldsymbol{A}^{\mathrm{T}}\boldsymbol{B}^{-1})^2\right|=$____________.

4. 设$\boldsymbol{A}$满足$|\boldsymbol{A}|=3$且有特征值$2$，$\boldsymbol{A}^*$是$\boldsymbol{A}$的伴随矩阵，则$\boldsymbol{A}^*$必有一个特征值是_________.

5. 若二次型$f(x_1,x_2,x_3)=2x_1^2+x_2^2+x_3^2+2x_1x_2+ax_2x_3$是正定二次型，则$a$的取值范围________.

二、选择题（每小题 4 分，共 20 分）

1. 设$\boldsymbol{A}=\begin{pmatrix} a_{11} & a_{12} & a_{13} \\ a_{21} & a_{22} & a_{23} \\ a_{31} & a_{32} & a_{33} \end{pmatrix}$，$\boldsymbol{B}=\begin{pmatrix} a_{21} & a_{22} & a_{23} \\ a_{11} & a_{12} & a_{13} \\ a_{31}+a_{11} & a_{32}+a_{12} & a_{33}+a_{13} \end{pmatrix}$，$\boldsymbol{P}_1=\begin{pmatrix} 0 & 1 & 0 \\ 1 & 0 & 0 \\ 0 & 0 & 1 \end{pmatrix}$，$\boldsymbol{P}_2=\begin{pmatrix} 1 & 0 & 0 \\ 0 & 1 & 0 \\ 1 & 0 & 1 \end{pmatrix}$，

则必有（　　）.

（A）$\boldsymbol{AP}_1\boldsymbol{P}_2=\boldsymbol{B}$　　（B）$\boldsymbol{AP}_2\boldsymbol{P}_1=\boldsymbol{B}$

（C）$\boldsymbol{P}_1\boldsymbol{P}_2\boldsymbol{A}=\boldsymbol{B}$　　（D）$\boldsymbol{P}_2\boldsymbol{P}_1\boldsymbol{A}=\boldsymbol{B}$

2. 设$\boldsymbol{A}$是四阶矩阵，且$\boldsymbol{A}$的行列式$|\boldsymbol{A}|=0$，则$\boldsymbol{A}$中（　　）.

（A）必有一列元素全为 0

（B）必有一列向量是其余列向量的线性组合

（C）必有两列元素成比例

（D）任意列向量是其余列向量的线性组合

3. $n$元线性方程组$\boldsymbol{Ax}=\boldsymbol{0}$有两个不同的解$\boldsymbol{\xi},\boldsymbol{\eta}$，且$R(\boldsymbol{A})=n-1$，则方程组的通解为（　　）.

（A）$k\boldsymbol{\xi}$　（B）$k\boldsymbol{\eta}$　（C）$k(\boldsymbol{\xi}+\boldsymbol{\eta})$　（D）$k(\boldsymbol{\xi}-\boldsymbol{\eta})$.

4. 下列说法正确的是（　　）.

（A）$\boldsymbol{\xi}$是$\boldsymbol{A}$的特征向量，则对任意实数$k$，$k\boldsymbol{\xi}$也是$\boldsymbol{A}$的特征向量

（B）$\boldsymbol{\xi},\boldsymbol{\eta}$分别是$\boldsymbol{A}$的不同特征值的特征向量，则$\boldsymbol{\xi}+\boldsymbol{\eta}$也是$\boldsymbol{A}$的特征向量

（C）任何可相似对角化的矩阵$\boldsymbol{A}$，一定可以找到正交矩阵$\boldsymbol{P}$，使得$\boldsymbol{P}^{-1}\boldsymbol{AP}$是对角矩阵

（D）$n$阶矩阵$\boldsymbol{A}$，其秩为$n$，则 0 一定不是矩阵$\boldsymbol{A}$的特征值

5. 设$\boldsymbol{A}$是$n$阶对称矩阵，$\boldsymbol{B}$是$n$阶反对称矩阵，则下列矩阵中，可用正交变换化为对角矩阵的矩阵为（　　）.

（A）$\boldsymbol{BAB}$　（B）$\boldsymbol{ABA}$　（C）$(\boldsymbol{AB})^2$　（D）$\boldsymbol{AB}^2$

三、解答题（本题共 54 分）

1.（10 分） 设$n$阶矩阵$\boldsymbol{A}$和$\boldsymbol{B}$满足条件：$\boldsymbol{A}+\boldsymbol{B}=\boldsymbol{AB}$.

（1）证明：$\boldsymbol{A}-\boldsymbol{E}$是可逆矩阵，其中$\boldsymbol{E}$是$n$阶单位.

（2）已知矩阵$\boldsymbol{B}=\begin{pmatrix} 1 & -3 & 0 \\ 2 & 1 & 0 \\ 0 & 0 & 2 \end{pmatrix}$，求矩阵$\boldsymbol{A}$.

班级___________ 姓名____________ 学号___________

2.（10 分） 问 $a_1,a_2,a_3,a_4$ 满足什么条件，线性方程组 $\begin{cases} x_1 - x_2 = a_1 \\ x_2 - x_3 = a_2 \\ x_3 - x_4 = a_3 \\ x_4 - x_1 = a_4 \end{cases}$ 有解？在有解的情况下求出通解.

3.（10 分） 已知三维线性空间的一组基底为

$$\boldsymbol{\alpha}_1 = (1,1,0)\text{，}\ \boldsymbol{\alpha}_2 = (1,0,1)\text{，}\ \boldsymbol{\alpha}_3 = (0,1,1)\text{，}$$

求向量 $\boldsymbol{\beta} = (2,0,0)$ 在上述基底下的坐标.

4.（12 分） 求一个正交变换 $\boldsymbol{x} = \boldsymbol{P}\boldsymbol{y}$ 把二次型 $f(x_1,x_2,x_3)$ 化为标准形，其中

$$f(x_1,x_2,x_3) = x_1^2 + x_2^2 + x_3^2 + 4x_1x_2 + 4x_1x_3 + 4x_2x_3 .$$

5.（12 分） 设有向量组 $M = \{\boldsymbol{\alpha}_1,\boldsymbol{\alpha}_2,\boldsymbol{\alpha}_3,\boldsymbol{\alpha}_4\}$，其中 $\boldsymbol{\alpha}_1 = \begin{pmatrix} -1 \\ 1 \\ 0 \\ -1 \end{pmatrix}$, $\boldsymbol{\alpha}_2 = \begin{pmatrix} 1 \\ -1 \\ -1 \\ 2 \end{pmatrix}$, $\boldsymbol{\alpha}_3 = \begin{pmatrix} 0 \\ -2 \\ 2 \\ -2 \end{pmatrix}$, $\boldsymbol{\alpha}_4 = \begin{pmatrix} 1 \\ 0 \\ -1 \\ 2 \end{pmatrix}$,

求由向量组 $M$ 生成的子空间的维数，并给出子空间的一个基.

四、证明题（本题 6 分）

设 $\boldsymbol{A}$ 是 $n$ 阶矩阵，如果存在正整数 $k$，使得 $\boldsymbol{A}^k = \boldsymbol{O}$（$\boldsymbol{O}$ 为 $n$ 阶零矩阵），则称 $\boldsymbol{A}$ 是 $n$ 阶幂零矩阵.

（1）（3 分） 如果 $\boldsymbol{A}$ 是 $n$ 阶幂零矩阵，则矩阵 $\boldsymbol{A}$ 的特征值全为 0.

（2）（3 分） 如果 $\boldsymbol{A} \neq \boldsymbol{O}$ 是 $n$ 阶幂零矩阵，则矩阵 $\boldsymbol{A}$ 不与对角矩阵相似.

班级__________ 姓名__________ 学号__________

# 线性代数综合测试题三

一、选择题（每小题 4 分，共 20 分）

1. 设 $f(x)=\begin{vmatrix} a+x & b & c \\ a & b+c & c \\ a & b & c+x \end{vmatrix}$，$a+b+c\neq 0$，则 $f(x)=0$ 的根为（　　）.

（A）$0,a+b+c$　　（B）$0,-(a+b+c)$

（C）$0,abc$　　（D）$abc,-(a+b+c)$

2. 设 $\boldsymbol{A},\boldsymbol{B}$ 均为 $n$ 阶可逆方阵，则下列结论正确的是（　　）.

（A）$\boldsymbol{AB}=\boldsymbol{BA}$；　　（B）$(\boldsymbol{A}+\boldsymbol{B})^{-1}=\boldsymbol{A}^{-1}+\boldsymbol{B}^{-1}$

（C）$(\boldsymbol{AB})^*=\boldsymbol{B}^*\boldsymbol{A}^*$　　（D）$|\boldsymbol{A}+\boldsymbol{B}|=|\boldsymbol{A}|+|\boldsymbol{B}|$

3. 设 $\boldsymbol{\alpha}_1=\begin{pmatrix}1\\1\\2\\a\end{pmatrix},\boldsymbol{\alpha}_2=\begin{pmatrix}0\\2\\3\\b\end{pmatrix},\boldsymbol{\alpha}_3=\begin{pmatrix}0\\0\\2\\c\end{pmatrix},\boldsymbol{\alpha}_4=\begin{pmatrix}0\\0\\0\\d\end{pmatrix}$,$a,b,c,d$ 为任意实数，则（　　）.

（A）$\boldsymbol{\alpha}_1,\boldsymbol{\alpha}_2,\boldsymbol{\alpha}_3$ 线性无关　　（B）$\boldsymbol{\alpha}_1,\boldsymbol{\alpha}_2,\boldsymbol{\alpha}_3$ 线性相关

（C）$\boldsymbol{\alpha}_1,\boldsymbol{\alpha}_2,\boldsymbol{\alpha}_3,\boldsymbol{\alpha}_4$ 线性无关　　（D）$\boldsymbol{\alpha}_1,\boldsymbol{\alpha}_2,\boldsymbol{\alpha}_3,\boldsymbol{\alpha}_4$ 线性相关

4. 下列实向量的集合中，（　　）构成 $\mathbf{R}^3$ 的子空间.

（A）$V=\{(x_1,x_2,x_3)^{\mathrm{T}}\mid x_1+x_2+x_3=1\}$

（B）$V=\{(x_1,x_2,x_3)^{\mathrm{T}}\mid x_1x_2x_3=0\}$

（C）$V=\{(x_1,x_2,x_3)^{\mathrm{T}}\mid x_1+x_2+x_3=0\}$

（D）$V=\{(x_1,x_2,x_3)^{\mathrm{T}}\mid |x_1|=|x_2|=|x_3|\}$

5. 下列各组方阵相似的是（　　）.

（A）$\begin{pmatrix}1&1\\2&2\end{pmatrix}$ 与 $\begin{pmatrix}1&0\\0&2\end{pmatrix}$　　（B）$\begin{pmatrix}2&1\\1&2\end{pmatrix}$ 与 $\begin{pmatrix}1&0\\0&2\end{pmatrix}$

（C）$\begin{pmatrix}2&1\\1&2\end{pmatrix}$ 与 $\begin{pmatrix}2&0\\0&2\end{pmatrix}$　　（D）$\begin{pmatrix}1&0\\1&2\end{pmatrix}$ 与 $\begin{pmatrix}1&1\\0&2\end{pmatrix}$

二、填空题（每小题 4 分，共 20 分）

1. 如果可逆矩阵 $\boldsymbol{A}$ 的每行元素之和均为 $a$，则 $\boldsymbol{A}^{-1}$ 的每行元素之和为__________；

2. 设 $\boldsymbol{A}$ 为三阶非零方阵，若存在三阶非零方阵 $\boldsymbol{B}$，使得 $\boldsymbol{AB}=\boldsymbol{O}$，则行列式 $|\boldsymbol{B}|=$__________；

3. 已知 $\boldsymbol{\alpha}_1,\boldsymbol{\alpha}_2$ 是线性无关的二维向量，$\boldsymbol{A}$ 为二阶方阵，且 $\boldsymbol{A\alpha}_1=\mathbf{0}$, $\boldsymbol{A\alpha}_2=2\boldsymbol{\alpha}_1+\boldsymbol{\alpha}_2$，则 $\boldsymbol{A}$ 的非零特征根为__________；

4. 已知三阶方阵 $\boldsymbol{A}$ 的特征值为 $1,-1,2$，则行列式 $|\boldsymbol{A}^2+\boldsymbol{A}+\boldsymbol{E}|=$________；

5. 设 $D=\begin{vmatrix}1&1&1&1\\0&2&2&2\\0&0&3&3\\0&0&0&4\end{vmatrix}$，则 $D$ 中所有元素的代数余子式之和为____________.

三、计算题（本题共 55 分）

1.（8 分） 设有向量组 $A$: $\boldsymbol{\alpha}_1=\begin{pmatrix}1\\-1\\2\\4\end{pmatrix},\boldsymbol{\alpha}_2=\begin{pmatrix}0\\3\\1\\2\end{pmatrix},\boldsymbol{\alpha}_3=\begin{pmatrix}3\\0\\7\\14\end{pmatrix},\boldsymbol{\alpha}_4=\begin{pmatrix}1\\2\\3\\k\end{pmatrix}$，$k$ 为参数，求向量组 $A$ 的秩和一个极大线性无关组.

班级____________　　　　　　姓名______________　　　　　学号____________

2.（8分） 设 $\boldsymbol{A}=\begin{pmatrix}3&0&0\\0&1&-1\\0&1&4\end{pmatrix}$，$\boldsymbol{B}=\begin{pmatrix}1&2\\-1&2\\0&-3\end{pmatrix}$，矩阵 $\boldsymbol{X}$ 满足 $\boldsymbol{AX}=2\boldsymbol{X}+\boldsymbol{B}$，求 $\boldsymbol{X}$.

3.（12分） 已知线性方程组 $\begin{cases}x_1+x_2+2x_3+3x_4=1\\x_1+3x_2+6x_3+x_4=3\\x_1-5x_2-10x_3+12x_4=\mu\\3x_1-x_2+\lambda x_3+15x_4=3\end{cases}$ 有解，且系数矩阵的秩为3，试求：（1）参数 $\lambda,\mu$ 的值；（2）该方程组的通解.

4.（13分） 设三阶实对称阵 $\boldsymbol{A}$ 的特征值为6,3,3，若对应于6的特征向量为 $\boldsymbol{p}_1=\begin{pmatrix}1\\1\\1\end{pmatrix}$，对应于特征值3的一个特征向量 $\boldsymbol{p}_2=\begin{pmatrix}1\\1\\-2\end{pmatrix}$，试求：

（1）对应于特征值3的一个特征向量 $\boldsymbol{p}_3$，使得 $\boldsymbol{p}_2,\boldsymbol{p}_3$ 正交；

（2）方阵 $\boldsymbol{A}$；

（3）若 $\boldsymbol{\beta}=\begin{pmatrix}4\\4\\-2\end{pmatrix}$，求 $\boldsymbol{A}^{-1}\boldsymbol{\beta}$.

5.（14分） 设二次型 $f=6x_1^2+9x_2^2+6x_3^2-4x_1x_2+8x_1x_3+4x_2x_3$，试求：

（1）该二次型的矩阵 $\boldsymbol{A}$；

（2）一个正交变换 $x=\boldsymbol{Q}y$，将其化成标准形；

（3）二次型 $f$ 在该正交变换下的标准形.

四、证明题（本题5分）

已知 $\boldsymbol{A}$ 是 $n$ 阶正定矩阵，$n$ 维非零列向量 $\boldsymbol{\alpha}_1,\boldsymbol{\alpha}_2,\cdots,\boldsymbol{\alpha}_s$ 满足 $\boldsymbol{\alpha}_i^{\mathrm{T}}\boldsymbol{A}\boldsymbol{\alpha}_j=0$（$i\neq j,i,j=1,2,\cdots,s,s\leqslant n$），证明向量组 $\boldsymbol{\alpha}_1,\boldsymbol{\alpha}_2,\cdots,\boldsymbol{\alpha}_s$ 线性无关.

班级____________ 姓名______________ 学号____________

# 线性代数综合测试题四

一、选择（每小题 4 分，共 24 分）

1. $n$ 阶矩阵 $\boldsymbol{A}$ 可逆的充要条件是（　　）.

（A）$\boldsymbol{A}$ 的任一行向量都是非零向量

（B）$\boldsymbol{A}$ 的任一列向量都是非零向量

（C）非齐次线性方程组 $\boldsymbol{AX}=\boldsymbol{b}$ 有解

（D）当 $\boldsymbol{x}\neq\boldsymbol{0}$ 时，$\boldsymbol{Ax}\neq\boldsymbol{0}$，其中 $\boldsymbol{X}=(x_1,x_2,\cdots,x_n)^{\mathrm{T}}$

2. 设 $\boldsymbol{A}=(a_{ij})_{n\times n}$，且 $|\boldsymbol{A}|=0$，但 $\boldsymbol{A}$ 中某元素 $a_{kl}$ 的代数余子式 $A_{kl}\neq 0$，则 $\boldsymbol{Ax}=\boldsymbol{0}$ 的基础解系中解向量的个数是（　　）.

（A）1　　（B）$k$　　（C）$l$　　（D）$n$

3. 设 $\boldsymbol{A}=(a_1,a_2,a_3),\boldsymbol{B}=(b_1,b_2,b_3)$ 是两个三维向量，且 $\boldsymbol{A}^{\mathrm{T}}\boldsymbol{B}=\begin{pmatrix}3&0&2\\6&0&4\\9&0&6\end{pmatrix}$，则 $\boldsymbol{AB}^{\mathrm{T}}=$（　　）.

（A）6　　（B）9　　（C）15　　（D）12

4. 设 $n$ 阶矩阵 $\boldsymbol{A}$ 满足 $\boldsymbol{A}^2=\boldsymbol{O}$, $\boldsymbol{E}$ 是 $n$ 阶单位矩阵，则（　　）.

（A）$|\boldsymbol{E}-\boldsymbol{A}|\neq 0$, 但 $|\boldsymbol{E}+\boldsymbol{A}|=0$　　（B）$|\boldsymbol{E}-\boldsymbol{A}|=0$ 但 $|\boldsymbol{E}+\boldsymbol{A}|\neq 0$

（C）$|\boldsymbol{E}-\boldsymbol{A}|=0$, 且 $|\boldsymbol{E}+\boldsymbol{A}|=0$　　（D）$|\boldsymbol{E}-\boldsymbol{A}|\neq 0$ 且 $|\boldsymbol{E}+\boldsymbol{A}|\neq 0$

5. 设矩阵 $\boldsymbol{P}=\begin{pmatrix}\cos\theta&-\sin\theta&0\\\sin\theta&\cos\theta&0\\0&0&1\end{pmatrix},\boldsymbol{\alpha}=\begin{pmatrix}-\frac{1}{3}\\\frac{2}{3}\\\frac{2}{3}\end{pmatrix},\boldsymbol{\beta}=\boldsymbol{P\alpha}$，则向量 $\boldsymbol{\beta}$ 的长度等于（　　）.

（A）0　　（B）1　　（C）3　　（D）$\frac{1}{3}$

6. 设矩阵 $\boldsymbol{A}$ 与矩阵 $\boldsymbol{B}$ 等价，则下列说法正确的是（　　）.

（A）$\boldsymbol{A}$ 的秩小于 $\boldsymbol{B}$ 的秩　　（B）$\boldsymbol{A}$ 的秩大于 $\boldsymbol{B}$ 的秩

（C）$\boldsymbol{A}$ 的秩等于 $\boldsymbol{B}$ 的秩　　（D）$\boldsymbol{A}$ 与 $\boldsymbol{B}$ 的行列式相等

二、填空题（每小题 3 分，共 33 分）

1. 设 $\boldsymbol{A}=\begin{pmatrix}1&2&3\\-2&1&4\\2&0&-3\end{pmatrix}$, $\boldsymbol{E}(3,2(3))$ 是将单位矩阵第二行的 3 倍加至第三行所得的三阶初等方阵，则 $\boldsymbol{E}(3,2(3))\boldsymbol{A}$ 等于________________.

2. 设 $\boldsymbol{A}=\begin{pmatrix}0&0&-2\\1&3&0\\2&4&0\end{pmatrix}$，则 $\boldsymbol{A}^{-1}$ 等于____________________.

3. 设向量 $\boldsymbol{\alpha}_1=(1,-1,0)$, $\boldsymbol{\alpha}_2=(2,1,3)$, $\boldsymbol{\alpha}_3=(3,0,3)$，则由 $\boldsymbol{\alpha}_1,\boldsymbol{\alpha}_2,\boldsymbol{\alpha}_3$ 生成的向量空间的维数是____________________.

4. 设 $\boldsymbol{A}$ 为四阶方阵，且 $R(\boldsymbol{A})=3$，则齐次线性方程组 $\boldsymbol{A}^*\boldsymbol{x}=\boldsymbol{0}$（$\boldsymbol{A}^*$ 为 $\boldsymbol{A}$ 的伴随阵)的基础解系所含向量的个数为__________.

5. 设向量 $\boldsymbol{\alpha}_1=(1,-1,0),\boldsymbol{\alpha}_2=(2,1,3),\boldsymbol{\alpha}_3=(3,0,3)$，则由 $\boldsymbol{\alpha}_1,\boldsymbol{\alpha}_2,\boldsymbol{\alpha}_3$ 生成的向量空间的维数是____________________.

班级＿＿＿＿＿＿　　　姓名＿＿＿＿＿＿　　　学号＿＿＿＿＿＿

6. 设$C$国的两个机场$\boldsymbol{c}_1,\boldsymbol{c}_2$，与$U$国4个机场$u_1,u_2,u_3,u_4$通航，图中数字表示两机场间的每日航班数．将此图表示成二行四列的矩阵$\boldsymbol{A}=(a_{ij})$，其中$a_{ij}$表示$c_i$与$u_j$间的航班数，则$\boldsymbol{A}=$＿＿＿＿＿＿．

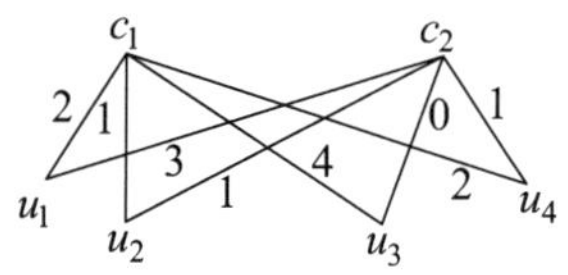


7. 设对于三阶矩阵$\boldsymbol{A}$，有$|\boldsymbol{A}|=2,\ |2\boldsymbol{A}+\boldsymbol{E}|=3$，则$|4\boldsymbol{A}^2+2\boldsymbol{A}|=$＿＿＿＿＿＿．

8. 设向量组$\boldsymbol{\alpha}_1,\cdots,\boldsymbol{\alpha}_s$的秩为$p$，向量组$\boldsymbol{\beta}_1,\cdots,\boldsymbol{\beta}_t$的秩为$q$，向量组$\boldsymbol{\alpha}_1,\cdots,\boldsymbol{\alpha}_s,\boldsymbol{\beta}_1,\cdots,\boldsymbol{\beta}_t$的秩为$r$，则$r$与$p+q$的大小关系是＿＿＿＿＿＿．

9. 设向量$\boldsymbol{\alpha}_1=(-1,1,2,-1)$，$\boldsymbol{\alpha}_2=(0,3,8,-2)$，$\boldsymbol{\alpha}_3=(3,1,2,2)$，则$|3\boldsymbol{\alpha}_1-\boldsymbol{\alpha}_2+\boldsymbol{\alpha}_3|=$＿＿＿＿＿＿．

10. 设$\boldsymbol{A}=(\boldsymbol{\gamma}_1\ \boldsymbol{\gamma}_2\ \cdots\ \boldsymbol{\gamma}_{n-1}\ \boldsymbol{\alpha}),\ \boldsymbol{B}=(\boldsymbol{\gamma}_1\ \boldsymbol{\gamma}_2\ \cdots\ \boldsymbol{\gamma}_{n-1}\ \boldsymbol{\beta})$，其中$\boldsymbol{\alpha},\boldsymbol{\beta},\boldsymbol{\gamma}_1,\cdots,\boldsymbol{\gamma}_n$是$n$维列向量，若$|\boldsymbol{A}|=a$，$|\boldsymbol{B}|=b$，则$|\boldsymbol{A}+\boldsymbol{B}|=$＿＿＿＿＿＿．

11. 设$n$维向量组$\boldsymbol{\alpha}_1,\boldsymbol{\alpha}_2,\cdots,\boldsymbol{\alpha}_s,\boldsymbol{\alpha}_{s+1}(s<n)$线性无关，则向量组$\boldsymbol{\alpha}_1,\boldsymbol{\alpha}_2,\cdots,\boldsymbol{\alpha}_s$的秩为＿＿＿＿＿＿．

三、计算题（本题共35分）

1.（5分） 计算：$D_{n+1}=\begin{vmatrix}-a_1 & a_1 & 0 & \cdots & 0 & 0\\ 0 & -a_2 & a_2 & \cdots & 0 & 0\\ \vdots & \vdots & \vdots & & \vdots & \vdots\\ 0 & 0 & 0 & \cdots & -a_n & a_n\\ 1 & 1 & 1 & \cdots & 1 & 1\end{vmatrix}$

2.（6分） 设$\boldsymbol{A},\boldsymbol{B}$均为三阶矩阵，且满足关系：$\boldsymbol{A}^2-\boldsymbol{AB}-2\boldsymbol{B}^2=\boldsymbol{A}-2\boldsymbol{BA}-\boldsymbol{B}$，已知$\boldsymbol{B}=\begin{pmatrix}-1 & 2 & 1\\ 0 & 1 & -1\\ 1 & 3 & 2\end{pmatrix}$，且$|\boldsymbol{A}-\boldsymbol{B}|\neq 0$，求矩阵$\boldsymbol{A}$.

3.（8分） 在$\mathbf{R}^4$中，向量$\boldsymbol{\alpha}$在基：

$$\boldsymbol{\alpha}_1=(1,1,0,0),\ \boldsymbol{\alpha}_2=(0,1,1,0),\ \boldsymbol{\alpha}_3=(0,0,1,1),\ \boldsymbol{\alpha}_4=(1,0,0,1)$$

下的坐标为$(2,3,1,2)$，求向量$\boldsymbol{\alpha}$在基：

$$\boldsymbol{\beta}_1=(1,2,0,0),\ \boldsymbol{\beta}_2=(0,2,3,0),\ \boldsymbol{\beta}_3=(0,0,2,4),\ \boldsymbol{\beta}_4=(3,0,0,2)$$

下的坐标.

4.（8分） 求齐次方程组$\begin{cases}x_1+2x_2-2x_3+x_4-x_5=0\\ 2x_1+3x_2+x_3-x_4+2x_5=0\\ 3x_1+5x_2-x_3+x_5=0\\ x_1+x_2+3x_3-2x_4+3x_5=0\end{cases}$的通解.

5.（8分） 用正交变换将二次型$x_1^2+x_2^2+x_3^2+4x_1x_2+4x_1x_3+4x_2x_3$化为标准形.

四、证明题（本题共8分）

1.（3分） 已知$n$阶矩阵$\boldsymbol{A}$满足条件：$\boldsymbol{A}^k\neq\boldsymbol{O},\ \boldsymbol{A}^{k+1}=\boldsymbol{O}$（$k$是自然数），$\boldsymbol{B}$是$n$阶矩阵，试证明矩阵方程$\boldsymbol{AX}=\boldsymbol{B}+\boldsymbol{X}$存在唯一的解矩阵$\boldsymbol{X}$.

2.（5分） 设有三个不共面的向量$\boldsymbol{\alpha}=(a_1,a_2,a_3),\ \boldsymbol{\beta}=(b_1,b_2,b_3),\ \boldsymbol{\gamma}=(c_1,c_2,c_3)$，证明：存在唯一一个向量$\boldsymbol{x}$，使$\boldsymbol{x}\cdot\boldsymbol{\alpha}=1,\ \boldsymbol{x}\cdot\boldsymbol{\beta}=2,\ \boldsymbol{x}\cdot\boldsymbol{\gamma}=3$.

班级____________ 姓名______________ 学号____________

# 线性代数综合测试题五

一、选择题（每小题 4 分，共 20 分）

1. 设 $D=\begin{vmatrix}1&1&1&1\\0&1&1&1\\0&0&1&1\\0&0&0&1\end{vmatrix}$，则 $D$ 中所有元素的代数余子式之和为（　　）.

（A）1　　（B）$-1$　　（C）$-4$　　（D）4

2. 设 $\boldsymbol{A},\boldsymbol{B},\boldsymbol{C}$ 均为 $n$ 阶方阵，$\boldsymbol{AB}=\boldsymbol{BA}$，$\boldsymbol{AC}=\boldsymbol{CA}$，则 $\boldsymbol{ABC}=$（　　）.

（A）$\boldsymbol{ACB}$　　（B）$\boldsymbol{CBA}$　　（C）$\boldsymbol{BCA}$　　（D）$\boldsymbol{CAB}$

3. 设向量组 $\boldsymbol{\alpha}_1,\boldsymbol{\alpha}_2,\boldsymbol{\alpha}_3$ 线性无关，则下列向量组线性相关的是（　　）.

（A）$\boldsymbol{\alpha}_1+\boldsymbol{\alpha}_2,\boldsymbol{\alpha}_2+\boldsymbol{\alpha}_3,\boldsymbol{\alpha}_1+\boldsymbol{\alpha}_3$　　（B）$\boldsymbol{\alpha}_1-\boldsymbol{\alpha}_2,\boldsymbol{\alpha}_2-\boldsymbol{\alpha}_3,\boldsymbol{\alpha}_3-\boldsymbol{\alpha}_1$

（C）$\boldsymbol{\alpha}_1+\boldsymbol{\alpha}_2,\boldsymbol{\alpha}_2+2\boldsymbol{\alpha}_3,\boldsymbol{\alpha}_1+3\boldsymbol{\alpha}_3$　　（D）$\boldsymbol{\alpha}_1,\boldsymbol{\alpha}_1+\boldsymbol{\alpha}_2,\boldsymbol{\alpha}_1+\boldsymbol{\alpha}_2+\boldsymbol{\alpha}_3$

4. 已知非齐次线性方程组 $\boldsymbol{A}_{m\times n}\boldsymbol{x}=\boldsymbol{b}$ 有无穷多解，$R(\boldsymbol{A})=r<n$，则该线性方程组线性无关的解向量的个数最多有（　　）个.

（A）$n-r$　　（B）$r$　　（C）$r+1$　　（D）$n-r+1$

5. 下列四个矩阵中，与 $\begin{pmatrix}2&1\\0&3\end{pmatrix}$ 相似的是（　　）.

（A）$\begin{pmatrix}-2&0\\0&-3\end{pmatrix}$　　（B）$\begin{pmatrix}2&2\\3&3\end{pmatrix}$　　（C）$\begin{pmatrix}1&2\\3&0\end{pmatrix}$　　（D）$\begin{pmatrix}2&0\\1&3\end{pmatrix}$

二、填空题（每小题 4 分，共 20 分）

6. 设 $f(x)=\begin{vmatrix}3&2&1+x\\3&2+x&1\\3+x&2&1\end{vmatrix}$，则 $f(x)=0$ 的根为____________.

7. 设 $\boldsymbol{A},\boldsymbol{B}$ 均为二阶可逆矩阵，则分块矩阵 $\begin{pmatrix}\boldsymbol{A}&\boldsymbol{O}\\\boldsymbol{O}&\boldsymbol{B}\end{pmatrix}$ 的逆矩阵为__________.

8. 设矩阵 $\boldsymbol{A}=(\boldsymbol{\alpha}_1,\boldsymbol{\alpha}_2,\boldsymbol{\alpha}_3,\boldsymbol{\alpha}_4)$，其中 $\boldsymbol{\alpha}_2,\boldsymbol{\alpha}_3,\boldsymbol{\alpha}_4$ 线性无关，$\boldsymbol{\alpha}_1=\boldsymbol{\alpha}_2-\boldsymbol{\alpha}_3+\boldsymbol{\alpha}_4$，向量 $\boldsymbol{b}=\boldsymbol{\alpha}_1+\boldsymbol{\alpha}_2+\boldsymbol{\alpha}_3+\boldsymbol{\alpha}_4$，则方程组 $\boldsymbol{Ax}=\boldsymbol{b}$ 的通解为_____________；

9. 设二维列向量 $\boldsymbol{\alpha}$ 在向量空间 $\mathbf{R}^2$ 的基 $B_1:\boldsymbol{\alpha}_1=(1,1)^{\mathrm{T}}$，$\boldsymbol{\alpha}_2=(1,-1)^{\mathrm{T}}$ 下的坐标为 $-1,1$, 则 $\boldsymbol{\alpha}$ 在 $\mathbf{R}^2$ 的基 $B_2:\boldsymbol{\beta}_1=(2,1)^{\mathrm{T}},\boldsymbol{\beta}_2=(0,1)^{\mathrm{T}}$ 下的坐标为__________；

10. 设 $n$ 阶方阵 $\boldsymbol{A}$ 有特征值 3，且 $|\boldsymbol{A}|=3$，则 $\boldsymbol{A}^*$ 必有特征值___________.

三、计算题（本题共 52 分）

11.（8 分） 求向量组 $A:\boldsymbol{\alpha}_1=\begin{pmatrix}1\\1\\2\\3\end{pmatrix},\boldsymbol{\alpha}_2=\begin{pmatrix}1\\-1\\1\\1\end{pmatrix},\boldsymbol{\alpha}_3=\begin{pmatrix}1\\3\\3\\5\end{pmatrix},\boldsymbol{\alpha}_4=\begin{pmatrix}4\\-2\\5\\6\end{pmatrix}$ 的秩和一个极大线性无关组.

12.（8 分） 设方阵 $\boldsymbol{A}=\begin{pmatrix}1&1&0\\0&1&-1\\0&0&1\end{pmatrix}$，且 $\boldsymbol{A}^*\boldsymbol{B}=2\boldsymbol{B}+3\boldsymbol{A}^*$，求矩阵 $\boldsymbol{B}$.

13.（10 分） 求方阵 $\boldsymbol{A}=\begin{pmatrix}1&1&\cdots&1\\1&1&\cdots&1\\\vdots&\vdots&&\vdots\\1&1&\cdots&1\end{pmatrix}_{n\times n}$ 的特征值与特征向量.

班级____________　　　　　姓名______________　　　　　学号___________

14.（12 分） 已知线性方程组 $\begin{cases} x_1+\lambda x_2+\mu x_3+x_4=0 \\ 2x_1+x_2+x_3+2x_4=0 \\ 3x_1+(2+\lambda)x_2+(4+\mu)x_3+4x_4=1 \end{cases}$ 且 $(1,-1,1,-1)^{\mathrm{T}}$ 是它的一个解，试求方程组的全部解.

15.（14 分） 设二次型 $f=3x_1^2+6x_2^2+3x_3^2-4x_1x_2+8x_1x_3+4x_2x_3$，求一个正交变换 ，将二次型化成标准形，并写出该标准形.

四、证明题（本题 8 分）

设向量组 $\boldsymbol{\alpha}_1,\boldsymbol{\alpha}_2,\boldsymbol{\alpha}_3$ 是齐次线性方程组 $\boldsymbol{Ax}=\boldsymbol{0}$ 的基础解系，证明向量组 $\boldsymbol{\alpha}_1+\boldsymbol{\alpha}_2,\boldsymbol{\alpha}_2+\boldsymbol{\alpha}_3,\boldsymbol{\alpha}_3+\boldsymbol{\alpha}_1$ 也是 $\boldsymbol{Ax}=\boldsymbol{0}$ 的基础解系.

班级____________　　　　姓名______________　　　　学号____________

# 参考答案

## 第一章　矩阵

### 第一、二节　矩阵的概念及运算

1.（1）√（2）×（3）×（4）√（5）×（6）√（7）×（8）×（9）×（10）√.

2.（1）C（2）B.

3. 略.

4.（1）$-1$；（2）$\begin{pmatrix}-2&-4&-6\\-1&-2&-3\\1&2&3\end{pmatrix}$；（3）$-\begin{pmatrix}-2&-4&-6\\-1&-2&-3\\1&2&3\end{pmatrix}$.

5. 略.

6. 提示：考察 $\boldsymbol{A}^2$ 主对角线上的元素.

7. 提示：利用 $\boldsymbol{A}=\boldsymbol{E}-\boldsymbol{B}$ 这一事实.

8. 提示：利用 $\boldsymbol{A}$ 是对称的当且仅当 $\boldsymbol{A}^{\mathrm{T}}=\boldsymbol{A}$ 这一事实.

9. 提示：利用 $\boldsymbol{\alpha}$ 右乘矩阵的特点及矩阵乘法结合律.

### 第三节　矩阵的分块

1. 略.

2. 略.

3. 从列向量中选择向量 $\boldsymbol{e}_1,\cdots,\boldsymbol{e}_n$ 去右乘矩阵.

### 第四节　方阵的行列式

1.（1）15，奇；　（2）8,3；　（3）+,+；　（4）9,−6；　（5）$(-1)^{\frac{n(n-1)}{2}}a_{1n}a_{2,n-1}\cdots a_{n1}$；（6）$-4,(c-a)(c-b)(b-a)$；　（7）4；　（8）0；　（9）$a=9$.

2. 略.

3.（1）0；（2）$-9,18$；（3）0,0.

4. 0.

5. 利用 Laplace 展示得 $(-1)^n 6$.

6.（1）160；（2）$-8$.

7.（1）$x^n-y^n$；（2）$\left(1+a_1+\sum\limits_{k=2}^{n}\dfrac{a_1}{a_k}\right)a_2\cdots a_n$.

8. $(x-a)^{n-1}$.

9. 略.

10.（1）$n!(n-1)\cdots 2!$；（2）$\prod\limits_{i=1}^{n+1}a_i\prod\limits_{1\leqslant i<j<n+1}\left(\dfrac{b_j}{a_j}-\dfrac{b_i}{a_i}\right)$；

11.（1）$\dfrac{a^{n+1}-b^{n+1}}{a-b}$；（2）$n+1$.

### 第五节　逆矩阵

1.（1）$3\boldsymbol{E}$；（2）$|\boldsymbol{A}|=1,\boldsymbol{A}^*=\begin{pmatrix}1&-1&-1\\2&-1&-4\\-1&1&2\end{pmatrix},\boldsymbol{A}^{-1}=\begin{pmatrix}1&-1&-1\\2&-1&-4\\-1&1&2\end{pmatrix}$；（3）$|\boldsymbol{A}^*|=4$；

（4）$|\boldsymbol{A}^{-1}|=-\dfrac{1}{128}$, $|2\boldsymbol{A}^*+8\boldsymbol{A}^{-1}|=-32$, $|-2(\boldsymbol{A}^*\boldsymbol{B})^2|=-2^9$, $\boldsymbol{A}^*(\boldsymbol{A}^*)^*=4\boldsymbol{E}$.

2. $\operatorname{diag}(a_1,\cdots,a_n)$ 可逆当且仅当 $a_1\cdots a_n\neq 0$，可逆时其逆矩阵为 $\operatorname{diag}(a_1^{-1},\cdots,a_n^{-1})$.

班级____________　　　　姓名______________　　　　学号____________

3. 提示：利用矩阵行列式的性质计算 $\det(\boldsymbol{E}-\boldsymbol{A})$；

4. 提示：反证法.

5. 提示：反证法.

6. 提示：(1) 反证法.

7. 提示：可逆的定义.

8. $\boldsymbol{A}^{-1}=\frac{1}{2}(\boldsymbol{A}-\boldsymbol{E})$，$(\boldsymbol{A}+2\boldsymbol{E})^{-1}=\frac{1}{4}(3\boldsymbol{E}-\boldsymbol{A})$.

9. $\boldsymbol{B}=\begin{pmatrix}3&0&0\\0&-6&0\\0&0&3\end{pmatrix}$.

10. $(\boldsymbol{A}^{-1}+\boldsymbol{B}^{-1})^{-1}=\boldsymbol{A}(\boldsymbol{A}+\boldsymbol{B})^{-1}\boldsymbol{B}$.

11. 提示：(1) 利用 Laplace 计算行列式判定可逆，用定义求逆矩阵；(2) 利用 (1).

12. 略.

13. $\boldsymbol{A}^{10}=2^{10}\boldsymbol{E}$.

**第六节　矩阵的初等变换**

1. (1) $\boldsymbol{P}_1\boldsymbol{A}\boldsymbol{P}_2=\begin{pmatrix}a_{31}&a_{32}+a_{33}&a_{33}\\a_{21}&a_{22}+a_{23}&a_{23}\\a_{11}&a_{12}+a_{13}&a_{13}\end{pmatrix}$；(2) C；(3) $\begin{pmatrix}-1&1&-1\\-\frac{1}{2}&0&\frac{1}{2}\\2&-1&1\end{pmatrix}$.

2. (1) 简单形 $\begin{pmatrix}1&0&0&5\\0&0&1&-3\\0&0&0&0\end{pmatrix}$（不唯一）；标准形 $\begin{pmatrix}1&0&0&0\\0&1&0&0\\0&0&0&0\end{pmatrix}$；

(2) 简单形 $\begin{pmatrix}0&1&0&5\\0&0&1&3\\0&0&0&0\end{pmatrix}$（不唯一）；标准形 $\begin{pmatrix}1&0&0&0\\0&1&0&0\\0&0&0&0\end{pmatrix}$；

(3) 简单形 $\begin{pmatrix}1&-1&0&2&-3\\0&0&1&-2&2\\0&0&0&0&0\\0&0&0&0&0\end{pmatrix}$（不唯一）；标准形 $\begin{pmatrix}1&0&0&0&0\\0&1&0&0&0\\0&0&0&0&0\\0&0&0&0&0\end{pmatrix}$；

(4) 简单形 $\begin{pmatrix}1&0&2&0&0\\0&1&-1&0&0\\0&0&0&1&0\\0&0&0&0&1\end{pmatrix}$（不唯一）；标准形 $\begin{pmatrix}1&0&0&0&0\\0&1&0&0&0\\0&0&1&0&0\\0&0&0&1&0\end{pmatrix}$.

3. (1) 可逆，且逆矩阵为 $\begin{pmatrix}0&0&0&1\\\frac{1}{2}&0&0&-\frac{1}{2}\\-1&1&2&-3\\\frac{1}{2}&0&-1&\frac{1}{2}\end{pmatrix}$；

（2）可逆，且逆矩阵为$\begin{pmatrix} \frac{1}{2} & -1 & 0 & \cdots & 0 & 0 \\ 0 & 1 & -1 & \cdots & 0 & 0 \\ 0 & 0 & 1 & \cdots & 0 & 0 \\ \vdots & \vdots & \vdots & & \vdots & \vdots \\ 0 & 0 & 0 & \cdots & 1 & -1 \\ 0 & 0 & 0 & \cdots & 0 & 1 \end{pmatrix}$；

4.（1）$\boldsymbol{X}=\begin{pmatrix} 10 & 2 \\ -15 & -3 \\ 12 & 4 \end{pmatrix}$；（2）$\boldsymbol{X}=\frac{1}{11}\begin{pmatrix} 16 & 7 & 1 \\ -20 & 5 & -4 \end{pmatrix}$.

**第七节　矩阵的秩**

1.（1）√（2 ）×（3）√（4）×（5）√.

2. $R(\boldsymbol{A})=m$.

3. 当$a=-1$时，$R(\boldsymbol{A})=2$；当$a\neq-1$时，$R(\boldsymbol{A})=3$.

4.（1）$R(\boldsymbol{A})=3$；（2）$R(\boldsymbol{A})=1$.

5.（1）当$\lambda\neq0$时，秩最大为$R(\boldsymbol{A})=3$；（2）当$\lambda=0$时秩最小为$R(\boldsymbol{A})=2$.

6. 当$a=1$时$R(\boldsymbol{A})=1$；当$a\neq1$且$a+n-1\neq0$时，$R(\boldsymbol{A})=n$；当$a\neq1$且$a+n-1=0$时$R(\boldsymbol{A})=n-1$.

7. 提示：利用矩阵秩的性质分析$\boldsymbol{AB}$的秩.

8. $R(\boldsymbol{AB}-\boldsymbol{BA}+\boldsymbol{A})=n$.

9. 略.

10. 略.

11.（1）无解；（2）有解；解为$(x_1,x_2,x_3,x_4)^{\mathrm{T}}=k(0,1,-1,1)^{\mathrm{T}}+(-2,1,2,0)^{\mathrm{T}}$；

（3）有解，解为

$$(x_1,x_2,x_3,x_4)^{\mathrm{T}}=k_1\left(-\frac{1}{2},1,0,0\right)^{\mathrm{T}}+k_2\left(\frac{1}{2},0,1,0\right)^{\mathrm{T}}+\left(\frac{1}{2},0,0,0\right)^{\mathrm{T}}.$$

12. 方程组有唯一解$(1,0,\cdots,0)^{\mathrm{T}}$.

13. 当$k=4$或$k=-1$时方程组有非零解；当$k=4$时方程组的非零解为$(x_1,x_2,x_3)^{\mathrm{T}}=k\left(-\frac{1}{3},\frac{1}{3},1\right)^{\mathrm{T}}$，$k\neq0$；当$k=-1$时方程组的非零解为$(x_1,x_2,x_3)^{\mathrm{T}}=k(-2,-3,1)^{\mathrm{T}}$，$k\neq0$.

13. $a=6$或$a=-4$.

**矩阵自测题**

一、1. B　2. D　3. A　4. C　5. B　6. A　7. D　8. A　9. A　10. A　11. D.

二、1. 3；2. 16；3. 2；4. 1；5. $(\boldsymbol{A}+2\boldsymbol{E})^{-1}=\frac{1}{2}(\boldsymbol{A}-\boldsymbol{E})$；6. $\begin{pmatrix} 2 & 1 \\ 4 & 3 \end{pmatrix}$；7. 3.

三、1. ×2. √3. √4. ×5. ×6. ×7. √8. √9. √10. √.

四、$b^{n-1}\left(\sum\limits_{k=1}^{n}a_k+b\right)$.

五、（1）$\boldsymbol{A}^n=\begin{cases} 4^k\boldsymbol{E}, n=2k \\ 4^k\boldsymbol{A}, n=2k+1 \end{cases}$；（2）$\boldsymbol{B}=\begin{pmatrix} 2 & 1 & 1 & 1 \\ 1 & 2 & -1 & -1 \\ 1 & -1 & 2 & -1 \\ 1 & -1 & -1 & 2 \end{pmatrix}$.

六、（1）$R(\boldsymbol{A})=1$；（2）$\boldsymbol{A}^{2018}=-\boldsymbol{A}$.

班级____________　　　　姓名______________　　　　学号___________

七、$\boldsymbol{A}=\begin{pmatrix}0&2&0\\-1&-1&0\\0&0&-2\end{pmatrix}$.

八、$\boldsymbol{A}^{-1}=\begin{pmatrix}0&0&4&5&7\\0&0&1&1&1\\0&0&1&0&-1\\-1&2&0&0&0\\1&-1&0&0&0\end{pmatrix}$.

九、无论参数 $a$ 怎么取值 $R(\boldsymbol{A})=2$.

十、$a\neq0$ 且 $b=1$ 时方程组有唯一解：$x_1=\dfrac{1-2a}{a(1-b)},x_2=\dfrac{1}{a},x_3=\dfrac{4a-2ab-1}{a(1-b)}$；当 $a=0$ 方程组无解；当 $b=1,a\neq\dfrac{1}{2}$ 时方程组无解；当 $b=1,a=\dfrac{1}{2}$ 时方程组有无数解，其解为 $(2\quad2\quad0)^{\mathrm{T}}+k(-1\quad0\quad1)^{\mathrm{T}}$.

十一、略.

**第二章　线性空间**

**第一节　线性空间与子空间**

1.（1）是；（2）否；（3）否；（4）是.

2.$V_1$ 是向量空间，$V_2$ 不是向量空间.

**第二节　向量组的秩**

1.（1）×（2）√（3）×（4）×

2.（1）D（2）B（3）D（4）C（5）C（6）B（7）A（8）A

3.（1）相关；（2）无关.

4. 唯一，$\boldsymbol{\beta}=-\boldsymbol{\alpha}_1+\boldsymbol{\alpha}_2+\boldsymbol{\alpha}_3$.

5.（1）$t\neq5$ 线性无关，$t=5$ 线性相关；（2）$\boldsymbol{\alpha}_3=-\boldsymbol{\alpha}_1+2\boldsymbol{\alpha}_2$.

7. $lm\neq-1$.

9. $a=2,b=5$.

**第三节　基与维数**

1. $\left(-\dfrac{2}{3},\dfrac{31}{6},\dfrac{1}{2}\right)^{\mathrm{T}}$.

3.（1）$\begin{pmatrix}-27&-71&-41\\9&20&9\\4&12&8\end{pmatrix}$；（2）$\begin{pmatrix}\dfrac{747}{4}\\-\dfrac{59}{2}\\\dfrac{405}{4}\end{pmatrix}$.

**线性空间自测题**

一、1. A　2. D　3. D　4. D

二、1. $\leqslant2$；2. $r\leqslant2$；3. $\boldsymbol{\alpha}_1,2\boldsymbol{\alpha}_2$；4. $k=4$；5. $r=2$.

三、××××√.

七、（1）相关；（2）无关.

**第三章　线性映射**

**第一节　线性映射**

班级____________　　　　姓名______________　　　　学号____________

1. $\frac{1}{2}\begin{pmatrix}4 & 2 & 5 & 12\\ 0 & 2 & -1 & -2\\ 0 & -6 & -1 & -6\end{pmatrix}$.

**第二节　线性方程组解的结构定理**

1.（1）D（2）D（3）B（4）C（5）A

2. $t\begin{pmatrix}4\\ -9\\ 4\\ 3\end{pmatrix}$.

3. $a=2,b=0,c=1$ 或 $a=2,b=1,c=0$

4. $a=1$.

7. $\lambda=1$.

10. $t(2\boldsymbol{\eta}_1-\boldsymbol{\eta}_2-\boldsymbol{\eta}_3)+\boldsymbol{\eta}_1$.

11. $\boldsymbol{x}=t(1,-2,1,0)^{\mathrm{T}}+(1,1,1,1)^{\mathrm{T}}$.

**第三节　线性变换**

1. $\begin{pmatrix}2 & 1 & 3\\ 0 & 1 & 1\\ 0 & 1 & -1\end{pmatrix}$.

2. $\begin{pmatrix}2 & 5 & 5\\ -3 & -4 & -6\\ 2 & 3 & 8\end{pmatrix}$.

5. $\mathrm{Ker}\,T=0$.

第四节　特征值与特征向量

1.（1）$k\lambda,\ \lambda^2,\lambda^2-2\lambda+1$；（2）$\frac{1}{\lambda},\frac{|\boldsymbol{A}|}{\lambda}$；（3）30,900；（4）4,5；（5）$n!$.

2.（1）$\lambda_1=\lambda_2=1,\lambda_3=-1$,

属于特征值 1 的特征向量：$t_1\begin{pmatrix}0\\ 1\\ 0\end{pmatrix}+t_2\begin{pmatrix}1\\ 0\\ 1\end{pmatrix},t_1t_2\neq 0$；

属于特征值 −1 的特征向量：$t\begin{pmatrix}1\\ 0\\ -1\end{pmatrix},t\neq 0$；

（2）$\lambda_1=\lambda_2=1,\lambda_3=-2$，

属于特征值 1 的特征向量：$t\begin{pmatrix}3\\ -6\\ 20\end{pmatrix},t\neq 0$；

属于特征值 −2 的特征向量 $t\begin{pmatrix}0\\ 0\\ 1\end{pmatrix},t\neq 0$.

3. $a=4$.

4. $a=b=c=d=e=f=1$.

6. 当$\lambda_1,\lambda_2$都不为零时，$\lambda_1\boldsymbol{p}_1+\lambda_2\boldsymbol{p}_2$不是特征向量；当$\lambda_1,\lambda_2$其中之一为零时，$\lambda_1\boldsymbol{p}_1+\lambda_2\boldsymbol{p}_2$是特征向量.

9. $\lambda_1=\cdots=\lambda_{n-1}=0,\lambda_n=n$，

属于特征值 0 的特征向量：$t_1\begin{pmatrix}1\\-1\\0\\\vdots\\0\end{pmatrix}+t_2\begin{pmatrix}1\\0\\-1\\\vdots\\0\end{pmatrix}+\cdots+t_{n-1}\begin{pmatrix}1\\0\\0\\0\\\vdots\\-1\end{pmatrix},t_1,t_2,\cdots,t_{n-1}$不全为零；

属于特征值 $n$ 的特征向量：$t\begin{pmatrix}1\\1\\1\\1\\\vdots\\1\end{pmatrix},t\neq 0.$

10. $\begin{pmatrix}-\frac{1}{3}&0&\frac{2}{3}\\0&\frac{1}{3}&\frac{2}{3}\\\frac{2}{3}&\frac{2}{3}&0\end{pmatrix}$.

11. $\begin{pmatrix}1-2^m+3^m\\-1+2^m+3^m\\2^m+3^m\end{pmatrix}$.

12. $\boldsymbol{E}$.

13. $\boldsymbol{T}$的特征值$\lambda_1=\lambda_2=\lambda_3=-1$，

属于特征值$-1$的特征向量：$t\boldsymbol{\alpha}_1+t\boldsymbol{\alpha}_2-t\boldsymbol{\alpha}_3,t\neq 0$，

$\boldsymbol{A}$不能对角化.

14. $x=0,y=-2$. $\boldsymbol{P}=\begin{pmatrix}0&0&-1\\-2&1&0\\1&1&1\end{pmatrix}$.

**线性映射自测题**

一、CAACDABC

二、1. $-1$或$-2$；　2. $\begin{pmatrix}1&0\\0&1\end{pmatrix}$；　3. 1；　4. $(1,-1,1,-1)^{\mathrm{T}}$；　5. $-1$.

三、×√××√√

班级____________ 姓名____________ 学号____________

四、$\begin{pmatrix}-1\\1\\0\\0\\0\end{pmatrix}$；$\begin{pmatrix}-1\\0\\-1\\0\\1\end{pmatrix}$

五、$\lambda_1=1,\lambda_2=\lambda_3=0$，

对应于 $\lambda_1=1$ 的特征向量：$\begin{pmatrix}1\\1\\1\end{pmatrix}$；

对应于 $\lambda_2=\lambda_3=0$ 的特征向量：$\begin{pmatrix}1\\3\\2\end{pmatrix}$.

六、$k\begin{pmatrix}-1\\1\\2\\1\end{pmatrix}$，$k\neq 0$.

十、$x+y=0$.

十一、提示：由 $|\boldsymbol{A}|=0$ 得 $\lambda=0$ 为一个特征值. 又根据 $\boldsymbol{Ax}=\boldsymbol{0}$ 的解空间维数 $\dim S=n-1<\lambda=0$，作为特征根的重数，得 $\lambda=0$ 为 $n-1$ 或 $n$ 重（矛盾，否则 $\operatorname{tr}(\boldsymbol{A})=0$）特征根，所以还有一个一重特征根 $\lambda=n$.

## 第四章　欧几里德空间与二次型

### 第一节　欧式空间的定义与基本性质

3. $\pi/2$.

4. $-42$.

### 第二节　标准正交基与正交变换

4. $\begin{pmatrix}-\dfrac{2}{\sqrt5} & \dfrac{2}{3\sqrt5} & -\dfrac{1}{8}\\ \dfrac{1}{\sqrt5} & \dfrac{4}{3\sqrt5} & -\dfrac{2}{3}\\ 0 & \dfrac{\sqrt5}{3} & \dfrac{2}{3}\end{pmatrix}$.

5. $\boldsymbol{A}=\begin{pmatrix}4&1&1\\1&4&1\\1&1&4\end{pmatrix}$.

### 第三节　二次型及其标准形

1.（1）$f=(x_1,x_2,x_3)\begin{pmatrix}1&2&0\\2&4&2\\0&2&1\end{pmatrix}\begin{pmatrix}x_1\\x_2\\x_3\end{pmatrix}$；

（2）$f=(x_1,x_2,x_3,x_4)\begin{pmatrix}0&4&0&0\\4&0&1&4\\0&1&0&1\\0&4&1&0\end{pmatrix}\begin{pmatrix}x_1\\x_2\\x_3\\x_4\end{pmatrix}$.

班级____________ 姓名______________ 学号____________

2.（1） $f = x_1^{\ 2} + 2x_2^2 + 4x_3^2 + 2x_1x_2 + 4x_2x_3$；

（2） $f = x_1^2 - 3x_2^2 - 2x_1x_2 + 2x_1x_3 - 6x_2x_3$ .

3. $f = 4y_1^2 - 2y_2^2 + y_3^2$；变换矩阵 $\boldsymbol{P} = \frac{1}{3}\begin{pmatrix} 2 & 1 & -2 \\ -2 & 2 & -1 \\ 1 & 2 & 2 \end{pmatrix}$.

4. $f = y_1^2 - 4y_2^2 + y_3^2$，变换矩阵 $\boldsymbol{P} = \begin{pmatrix} 1 & -2 & -1 \\ 0 & 1 & 0 \\ 0 & 2 & 1 \end{pmatrix}$.

5. $f = z_1^2 - z_2^2 - z_3^2$，变换矩阵 $\boldsymbol{P} = \begin{pmatrix} 1 & 0 & 0 \\ 1 & -2 & 0 \\ 0 & 0 & 1 \end{pmatrix}$.

**第四节　正定二次型**

1.（1）√（2）√（3）√（4）×

2.（1）正定；（2）正定.

3.（1） $t > 1$；（2） $t < -1$ .

4. $t > -\min\{\lambda_1, \lambda_2, \cdots \lambda_n\}$.

9.（1）2.

**欧几里德空间与二次型自测题**

一、1. A 2. D 3. D 4. B

二、（1） $-2,0,1$；（2）1；（3） $\begin{pmatrix} 1 & 0 \\ 0 & 1 \end{pmatrix}$；（4）0；（5）2.

三、√× × ×

五、 $a = 2, \boldsymbol{P} = \begin{pmatrix} 0 & 1 & 1 \\ -\frac{1}{\sqrt{2}} & 0 & \frac{1}{\sqrt{2}} \\ \frac{1}{\sqrt{2}} & 0 & \frac{1}{\sqrt{2}} \end{pmatrix}$.

**线性代数综合测试题一**

一、1. 64； 2. $\begin{pmatrix} \frac{3}{2} & \frac{1}{2} \\ \frac{11}{2} & -2 \\ -\frac{7}{2} & \frac{3}{2} \end{pmatrix}$； 3. 2； 4. 3； 5. $S$+1.

二、1. C 2. B 3. C 4. C 5. B

三、1. $\begin{pmatrix} 20 \\ 18 \\ 21 \end{pmatrix}$.

班级____________　　姓名______________　　学号____________

2. 当 $a=\dfrac{7\pm\sqrt{297}}{2}$ 时，方程组无解；当 $a\neq\dfrac{7\pm\sqrt{297}}{2}$ 时，方程组有唯一解；方程组没有无穷多解的情况.

3. 正交变换矩阵 $\boldsymbol{P}=\begin{pmatrix}0 & \sqrt{5}/5 & -2\sqrt{5}/5\\ 0 & 2\sqrt{5}/5 & \sqrt{5}/5\\ 1 & 0 & 0\end{pmatrix}$；

令 $\boldsymbol{x}=\boldsymbol{P}\boldsymbol{y}$，则有 $f=(y_1\quad y_2\quad y_3)\begin{pmatrix}0 & 0 & 0\\ 0 & -2 & 0\\ 0 & 0 & 3\end{pmatrix}\begin{pmatrix}y_1\\ y_2\\ y_3\end{pmatrix}$为所求的标准型，正惯性指数为 1.

4. 一个极大线性无关组为 $\boldsymbol{\alpha}_1,\boldsymbol{\alpha}_2,\boldsymbol{\alpha}_3$，秩为 3，$\boldsymbol{\alpha}_4=5\boldsymbol{\alpha}_1-2\boldsymbol{\alpha}_2$.

5. $t<-1$.

四、提示：$n=R(\boldsymbol{E})=R\{\boldsymbol{e}_1,\boldsymbol{e}_2,\cdots,\boldsymbol{e}_n\}\leqslant R\{\boldsymbol{\alpha}_1,\boldsymbol{\alpha}_2,\cdots,\boldsymbol{\alpha}_n\}\leqslant n$.

**线性代数综合测试题二**

一、1. 1；2. $-3$；3. 2；4. $\dfrac{3}{2}$；5. $-\sqrt{2}<a<\sqrt{2}$.

二、1. C 2. B 3. D 4. D 5. A

三、

1.（1）$(\boldsymbol{A}-\boldsymbol{E})^{-1}=\boldsymbol{B}-\boldsymbol{E}$；　　（2）$\begin{pmatrix}1 & \frac{1}{2} & 0\\ -\frac{1}{3} & 1 & 0\\ 0 & 0 & 2\end{pmatrix}$.

2. 方程组有解当且仅当 $\sum\limits_{k=1}^{4}a_k=0$；方程组通解为 $\begin{pmatrix}x_1\\ x_2\\ x_3\\ x_4\end{pmatrix}=k\begin{pmatrix}1\\ 1\\ 1\\ 1\end{pmatrix}+\begin{pmatrix}a_1+a_2+a_3\\ a_2+a_3\\ a_3\\ 0\end{pmatrix}$

3. $(1,1,-1)$.

4. $\boldsymbol{p}_1=\dfrac{1}{\sqrt{2}}(1,0,1)^{\mathrm{T}},\boldsymbol{p}_2=\dfrac{1}{\sqrt{6}}(1,-2,1)^{\mathrm{T}},\boldsymbol{p}_3=\dfrac{1}{\sqrt{3}}(1,1,1)^{\mathrm{T}}$，$\boldsymbol{P}=(\boldsymbol{p}_1,\boldsymbol{p}_2,\boldsymbol{p}_3)$.

5. 维数为 3；$\begin{pmatrix}-1\\ 1\\ 0\\ -1\end{pmatrix},\begin{pmatrix}0\\ 1\\ -1\\ 1\end{pmatrix},\begin{pmatrix}0\\ 0\\ -1\\ 1\end{pmatrix}$是由向量组 $M$ 生成的子空间的一个基.

四、提示：（1）由 $\boldsymbol{A}\boldsymbol{\alpha}=\lambda\boldsymbol{\alpha}$.　$\boldsymbol{A}^k\boldsymbol{\alpha}=\boldsymbol{A}^{k-1}(\boldsymbol{A}\boldsymbol{\alpha})=\boldsymbol{A}^{k-1}\lambda\boldsymbol{\alpha}=\cdots=\lambda^k\boldsymbol{\alpha}$；（2）反证法.

**线性代数综合测试题三**

一、1. B　2. C　3. A　4. C　5. D

二、1. $\dfrac{1}{a}$；2. 0；3. 1；4. 21；5.24.

三、1. 当 $k=6$ 时，该向量组的秩为 2，一个极大线性无关组为：$\boldsymbol{\alpha}_1,\boldsymbol{\alpha}_2$；

当 $k\neq 6$ 时，该向量组的秩为 3，一个极大线性无关组为：$\boldsymbol{\alpha}_1,\boldsymbol{\alpha}_2,\boldsymbol{\alpha}_4$.

班级__________ 姓名__________ 学号__________

2. $\begin{pmatrix} 1 & 2 \\ 2 & 1 \\ -1 & -2 \end{pmatrix}$.

3.（1） $\lambda=-2,\ \mu=1$.

（2）原方程组的通解为 $\boldsymbol{x}=\begin{pmatrix} -8 \\ 3 \\ 0 \\ 2 \end{pmatrix}+c\begin{pmatrix} 0 \\ -2 \\ 1 \\ 0 \end{pmatrix}, c\in\mathbf{R}$.

4.（1） $\boldsymbol{p}_3=\begin{pmatrix} 1 \\ -1 \\ 0 \end{pmatrix}$；（2） $\begin{pmatrix} 4 & 1 & 1 \\ 1 & 4 & 1 \\ 1 & 1 & 4 \end{pmatrix}$；（3） $\begin{pmatrix} 1 \\ 1 \\ -1 \end{pmatrix}$.

5.（1） $\boldsymbol{A}=\begin{pmatrix} 6 & -2 & 4 \\ -2 & 9 & 2 \\ 4 & 2 & 6 \end{pmatrix}$；

（2） $\boldsymbol{Q}=(\boldsymbol{q}_1,\boldsymbol{q}_2,\boldsymbol{q}_3),\ \boldsymbol{q}_1=\frac{1}{3}\begin{pmatrix} -2 \\ -1 \\ 2 \end{pmatrix}, \boldsymbol{q}_2=\frac{1}{5}\begin{pmatrix} \sqrt{5} \\ 2\sqrt{5} \\ 0 \end{pmatrix}, \boldsymbol{q}_3=\frac{1}{15}\begin{pmatrix} 4\sqrt{5} \\ 2\sqrt{5} \\ 5\sqrt{5} \end{pmatrix}$；

（3） $f=y_1^2+10y_2^2+10y_3^2$.

**线性代数综合测试题四**

一、1. D  2. A  3. B  4. D  5. B  6. C

二、1. $\begin{pmatrix} 1 & 2 & 3 \\ -2 & 1 & 4 \\ -4 & 3 & 9 \end{pmatrix}$；  2. $\begin{pmatrix} 0 & -2 & \frac{3}{2} \\ 0 & 1 & -\frac{1}{2} \\ -\frac{1}{2} & 0 & 0 \end{pmatrix}$；  3. 2；  4. 3；  5. 2；  6. $\boldsymbol{A}=\begin{pmatrix} 2 & 1 & 4 & 2 \\ 3 & 1 & 0 & 1 \end{pmatrix}$.

7. 48；  8. $r\leqslant p+q$；  9. $\sqrt{2}$；  10. $2^{n-1}(a+b)$；  11. s.

三、1. $(-1)^n(n+1)a_1a_2\cdots a_n$.

2. $\begin{pmatrix} 3 & -4 & -2 \\ 0 & -1 & 2 \\ -2 & -6 & -3 \end{pmatrix}$.

3. $\left(\frac{11}{8},\frac{9}{8},\frac{5}{16},\frac{7}{8}\right)$.

4. 基础解系： $\boldsymbol{a}_1=(-8,5,1,0,0)',\boldsymbol{a}_2=(5,-3,0,1,0)',\boldsymbol{a}_3=(-7,4,0,0,1)'$，
原方程组的一般解为： $\boldsymbol{a}=k_1\boldsymbol{a}_1+k_2\boldsymbol{a}_2+k_3\boldsymbol{a}_3$（$k_1,k_2,k_3$ 为任意常数）.

班级____________ 姓名____________ 学号____________

5. 正交变换 $\begin{pmatrix} x_1 \\ x_2 \\ x_3 \end{pmatrix} = \begin{pmatrix} \frac{\sqrt{3}}{3} & \frac{\sqrt{2}}{2} & \frac{\sqrt{6}}{6} \\ \frac{\sqrt{3}}{3} & -\frac{\sqrt{2}}{2} & \frac{\sqrt{6}}{6} \\ \frac{\sqrt{3}}{3} & 0 & -\frac{\sqrt{6}}{3} \end{pmatrix} \begin{pmatrix} y_1 \\ y_2 \\ y_3 \end{pmatrix}$.

四、1. 提示：$-\boldsymbol{E} = \boldsymbol{A}^{k+1} - \boldsymbol{E} = (\boldsymbol{A}-\boldsymbol{E})(\boldsymbol{A}^k + \boldsymbol{A}^{k-1} + \cdots + \boldsymbol{E})$，

故 $|\boldsymbol{A}-\boldsymbol{E}| \neq \boldsymbol{0}$，$(\boldsymbol{A}-\boldsymbol{E})\boldsymbol{X} = \boldsymbol{B}$，得 $\boldsymbol{X} = (\boldsymbol{A}-\boldsymbol{E})^{-1}\boldsymbol{B}$.

**线性代数综合测试题五**

一、1. A　2. C　3. B　4. D　5. D

二、6. 0, 0, −6；7. $\begin{pmatrix} \boldsymbol{A}^{-1} & \boldsymbol{O} \\ \boldsymbol{O} & \boldsymbol{B}^{-1} \end{pmatrix}$；8. $c\begin{pmatrix} 1 \\ -1 \\ 1 \\ -1 \end{pmatrix} + \begin{pmatrix} 1 \\ 1 \\ 1 \\ 1 \end{pmatrix}$；9. 0, −2；10. 1.

三、11. $\boldsymbol{\alpha}_1, \boldsymbol{\alpha}_2$.

12. $3\begin{pmatrix} -1 & 2 & 4 \\ 0 & -1 & -2 \\ 0 & 0 & -1 \end{pmatrix}$.

13. $\lambda_1 = n, \lambda_2 = \lambda_3 = \cdots = \lambda_n = 0$.

对特征值 $\lambda = n$(单根)，$\boldsymbol{p}_1 = \begin{pmatrix} 1 \\ 1 \\ \vdots \\ 1 \end{pmatrix}$，特征值 $\lambda = n$ 的特征向量全体为 $\{k\boldsymbol{p}_1 | k \neq 0\}$；

对特征值 $\lambda = 0$（$n-1$ 重根），$\boldsymbol{p}_2 = \begin{pmatrix} -1 \\ 1 \\ 0 \\ \vdots \\ 0 \end{pmatrix}, \boldsymbol{p}_3 = \begin{pmatrix} -1 \\ 0 \\ 1 \\ \vdots \\ 0 \end{pmatrix}, \cdots, \boldsymbol{p}_n = \begin{pmatrix} -1 \\ 0 \\ 0 \\ \vdots \\ 1 \end{pmatrix}$，特征值 $\lambda = 0$ 的特征向量为

$\{k_1\boldsymbol{p}_2 + k_2\boldsymbol{p}_3 + \cdots + k_{n-1}\boldsymbol{p}_n \mid k_1^2 + k_2^2 + \cdots + k_{n-1}^2 \neq 0\}$.

14.（1）若 $2\lambda - 1 = 0 \Rightarrow \lambda = \frac{1}{2}$，通解为 $\begin{pmatrix} x_1 \\ x_2 \\ x_3 \\ x_4 \end{pmatrix} = c_1\begin{pmatrix} 1 \\ -3 \\ 1 \\ 0 \end{pmatrix} + c_2\begin{pmatrix} -1 \\ -2 \\ 0 \\ 2 \end{pmatrix} + \begin{pmatrix} -\frac{1}{2} \\ 1 \\ 0 \\ 0 \end{pmatrix}$；

（2）若 $\lambda \neq \frac{1}{2}$，则通解为 $\begin{pmatrix} x_1 \\ x_2 \\ x_3 \\ x_4 \end{pmatrix} = c\begin{pmatrix} -1 \\ \frac{1}{2} \\ -\frac{1}{2} \\ 1 \end{pmatrix} + \begin{pmatrix} 0 \\ -\frac{1}{2} \\ \frac{1}{2} \\ 0 \end{pmatrix}$.

班级____________　　　　　　姓名______________　　　　　学号____________

15. $\zeta_1=\frac{1}{3}\begin{pmatrix}-2\\-1\\2\end{pmatrix},\zeta_2=\frac{1}{\sqrt{5}}\begin{pmatrix}-1\\2\\0\end{pmatrix},\zeta_3=\frac{1}{3\sqrt{5}}\begin{pmatrix}4\\2\\5\end{pmatrix}$. 构造正交矩阵 $\boldsymbol{P}=(\zeta_1,\zeta_2,\zeta_3)$，则所求的正交变换为 $\boldsymbol{x}=\boldsymbol{P}\boldsymbol{y}$，此时，二次型的标准形为 $f=-2y_1^2+7y_2^2+7y_3^2$.

四、提示：证明 $\boldsymbol{\alpha}_1+\boldsymbol{\alpha}_2,\boldsymbol{\alpha}_2+\boldsymbol{\alpha}_3,\boldsymbol{\alpha}_3+\boldsymbol{\alpha}_1$ 线性无关即可.